人生が輝く

ブランド品転売

のススメ

MIチュウ株式会社
松浦聡至

はじめに

「小さい子どもがいて外に働きにいけないけれど、働きたい」
「夢を追いかけるために、副業で安定収入を得たい」
「大好きなファッションの知識を生かして稼ぎたい」
「手芸や絵の特技を生かせる仕事がしたい」

もしあなたがこのような気持ちでこの本を手に取ったなら、これから、ぴったりの副業をご紹介いたしましょう。

初めまして。MUチュウ株式会社、社長の松浦聡至(まつうらとしゆき)です。
「代理店」と呼んでいる仲間たちと一緒に、中古のブランド品を格安で仕入れ、フリマアプリで販売するというお仕事をしています。そのお仕事について、ぜひ多くの方に知ってほしくて、この本を書きました。

「副業で稼げる」と言っても、世の中には怪しそうなシステムがたくさん存在していますよね。だから、あなたは今こう思っているかもしれません。

「本当に稼げるの？」

「何かリスクがあるんじゃないの？」

その気持ち、分かります。私もずいぶん副業で失敗してきましたし、一緒に働いている代理店の方々の中にも、このお仕事に辿り着くまで、なかなか本当に稼げる副業に出会えず、副業ジプシーのようになっていた方もたくさんいらっしゃいます。

なので、私のところにこのお仕事の説明を聞きに来られる方の中には、内心「副業に見せかけた詐欺なんじゃないの？」と疑っている方がけっこうな割合でいらっしゃいます（笑）。

でも、大丈夫です。

初期費用がかかるのでまったくノーリスクとは言いませんが、かなりリスクは低いです。

そして、確実に稼げます。どのくらい稼げるかはその人の頑張り次第ですが、代理店の中には月１００万円以上稼いでいる方もいらっしゃるほどです。

なぜリスクが低いと言えるのか？
そもそもどんなお仕事なのか？
まずはこの本のパート１をお読みください。私がこの仕事を始めるに至った経緯から、ビジネスの仕組み、ブランド品を扱う理由といったことまでをご説明してあります。それを読めば、ほとんどの疑問は解消できるでしょう。

さらに、パート２以降では、私と一緒にこのお仕事をしてくれている代理店の女性たちの体験談を紹介しています。

一口に代理店と言っても、住んでいる場所も年齢もさまざまですが、ひとつ言えるのは、ほとんどが普通のＯＬさんやお母さんばかりということ。きっと、あなたに似たタイプの人もいるはずです。

そうした人の話を読めば、自分にできそうかどうか参考になるかと思います。


この本で紹介する副業は、ネット副業にありがちな「楽して稼げる」お仕事では決してありません。稼げるか稼げないかは、その人の頑張り次第です。

ただし、頑張りさえすれば、確実に稼げるようになります。在庫を抱えたりするリスクもありませんし、ひとつのビジネスを自分1人で行うので、さまざまな知識やスキルも身に付きます。

そういう意味で、この副業にはとにかくプラスしかないと、僕は思っています。

興味のある人はぜひ、次のページをめくってみてください。きっと目からうろこの話が満載のはずです！

２０２０年９月

松浦聡至

PART 1

ブランド転売ほどステキな商売はない！

PART 2

「詐欺だったら⁉」と半信半疑のスタート
～野村麻依さん（30歳女性）の場合

PART 3

副業で稼ぐためにはハイブランドを扱うのが近道
～ハセガワヒロコさん（56歳女性）の場合

PART 4

プラスの愛の連鎖が生まれるメンバーに囲まれて
～Angelさん（45歳女性）の場合

PART 5

副業ジプシーの私が、ようやく巡り会えた仕事

～R・Fさん（30代女性）の場合

PART 6

コミュニティーのあたたかさに感動

～モリヤマサトコさん（36歳女性）の場合

PART 7

80万円の副業詐欺で、この仕事の良さを再確認
～ゆかさん（41歳女性）の場合

PART 8

60代の「フリマアプリ」すら知らなかった私が月収150万円
～恭子さん（60代女性）の場合

PART 9

女優・モデルの仕事と両立をしながら
～Nさん（23歳女性）の場合

PART 10

細かい作業が好きな私には、天職かも

～初実千恵子さん（33歳女性）の場合

PART 11

子どもが保育園にいる間に集中して作業

～Ｅｍｉさん（30歳女性）の場合

PART 12

自分で稼ぎ、自分で自由に使えるお金ができた

~山本さん（31歳女性）の場合

PART 13

自己投資をしなければ、それ以上にはなれない

~askaさん（27歳女性）の場合

PART 14

自分のセレクトショップを運営している感覚 〜Coconaさん（38歳女性）の場合

Part 1

ブランド転売ほど
ステキな商売はない！

どうして僕がこの仕事を始めようと思ったのか？

皆さん初めまして、MUチュウ代表の松浦聡至（まつうらとしゆき）です。

僕は、「ブランド品などの中古品、新品を仕入れてフリマアプリで販売する」という事業を行っています。

この仕事は、サラリーマン時代の副業として、5年前に1人で始めたものです。その後、1人で続けていくのには限界があると感じ、仕入れた商品にリペア（＝お手入れをすること）をして出品販売してもらう人（それを僕は「代理店さん」と呼んでいます）を募集して、仲間を増やしてきました。

このパート1では、どうして僕がこの仕事を始めようと思ったのか、そしてこの仕事はどんなものなのかをご説明していきたいと思います。

今、僕がこの仕事をしているのは、まさにそれまでの自分の育ってきた約50年の環境や趣味や我慢がぎゅっと集約されて、ここに至ったと言っても過言ではないと思います。どうかハンカチを用意して、涙をこらえて読んでいただけたらと思います。

ただ僕のことに興味のない人はこの部分は飛ばして、「たった数百円の利益からスタート」（27ページ）から読んでいただいても大丈夫です。

複数の生命保険に加入し、小遣い500円の生活から抜け出したい！

この仕事を始めようと思ったのは、結婚して子どもができて、自分のお小遣いが、なんと昼ご飯と、夕ご飯を合わせて1日500円になったからです。

30代後半で結婚をして、40代前半で子どもが生まれました。子どもの教育費や家のローン、老後の資金などを考えて、納得して1日500円のお小遣い生活になったわけですが、それまで自由に自分のお金を使っていたので、かなり窮屈に感じました。

しかも生命保険にもいっぱい加入しました。もちろん自分に何かあった時に子どもが困らないようにという理由があったわけですが、なぜか遠回しに死の恐怖までも感じていました（笑）。

と言っても、笑い事ではありません。

結婚前は、不動産や通信の会社の営業など、歩合制の仕事をしていたので、頑張ればその分、給料も上がり、やる気も上がっていました。それが結婚後に転職をして、サラリーマンをすることになったら、お小遣いも1日に、昼ご飯と夕ご飯を合わせて500円になったのです。

しかも休みの日はお小遣いはなしなので、休みの日にお金を使いたければ、平日1日500円のお小遣いを貯めて使わないといけません。ですから平日はできるだけ会社の水でお腹を満たすようにしていました。

そんなに頑張って貯めても、週末は新作レンタルビデオを借りるのが精いっぱいという悲しい生活でした。

父母の思い出が決意させた起業

また、20代の頃、九州の実家で父が営む行政書士事務所の仕事を手伝っていたことがあるのですが、その時に「事業というのにはアップダウンがある」ということを痛感しました。大きい仕事が終わるとまとまったお金が入るのですが、それまでの生活費がもたなくなることがあったのです。

自営業でもサラリーマンでも、このご時世、いつ本業が傾く時があるかは分からないものです。副業を持っておくことは大事だと、その時から思っていました。その思いが、今の状況にも続いています。

そんな父の状況もあって小さい頃、今は亡き母は、僕たち3人兄弟のためにカラオケの先生の資格を取り、200人ぐらいの生徒を持って、地元のあちこちの公民館などに毎日行って生徒さんを教えていました。

また、母は革細工が趣味で、革を買ってきてお財布を縫い、色を塗ったりして、近所の方や知り合いに販売していました。

当時は、カラオケの準備をしたり、財布を作ったり、楽しそうに仕事をしているように見えましたが、今思うと家計のために、僕たち3人兄弟のために副業をしていてくれたのです。3人兄弟と言えば、いろいろとお金もかかったはずですから。

でも母は、いつも楽しそうで、元気で、そして笑顔でした。今でも思い出すたびに涙が出ます。

最初に始めたカラオケの先生の副業は、妻に怒られてすぐ終了

そんな母の背中を見て育った影響もあり、500円のお小遣いを増やすために、最初は副業で、亡き母がしていたカラオケの先生をすることに決めました。

もっとも正直、僕の実力は「カラオケが少し得意」という程度だったので、まずはリサイクルショップに行って、ボイストレーニングの方法が書かれた本を1冊100円で2冊入手。後はユーチューブでボイストレーニング方法を検索し、ひたすら毎日毎日夜中まで、2週間、それらの動画を見て勉強をしました。

その後、ネットなどで探して、ボイストレーナーを募集しているところに電話をすると、応募用紙が送られてきました。どうやって教えるのかを細かく書面に書いて送ると、面接に呼ばれ、いろいろ質問をされましたが、指導法などを話すと先方

は納得されたみたいで「ああ、あなたは大丈夫そうですね。来週から来てください」と、なんと採用されました。

その仕事では、中高年の方や、おじいちゃん、おばあちゃん、そして企業の社長さんなど、朝から夜9時ぐらいまで、45分ごとにいろんな生徒さんがいらっしゃり、月2日の稼働で、1カ月で7万円の収入になりました。

しかし、元はと言えば妻とのお小遣いの値上げ交渉に失敗し、「だったら、休みの日に家でぼーっとしてないで働きなさ〜い！」と言われてこの副業を始めたのに、今度は妻に「貴重な週1の休みの日をカラオケでの遊びに使っていないで、子どもの相手をしなさ〜い！」と怒られてしまったのです。仕方なく、このボイストレーナーの副業はすぐに終了しました（涙）。

⚜あるビジネス本との出会いで物販の世界に

そんな時、前に勤めていた会社の社長から「池袋にあるバイク関係の店を任せるのでやってくれないか」と頼まれ、店長をすることになりました。お客さんの全然来ない店で、気が重かったのですが……。

ただ良かったのが、その社長から「オーナー思考を持て」とか、「社長の考えを持て」と言われ、ビジネス本を買いあさるようになったことです。

その中の1冊に、起業家が書いたビジネス系のステキな本があり、そこに書かれていたビジネスに対する考え方にとても刺激を受けました。それまで買ったビジネス本は、いわゆる「積ん読」でしたが、この本だけは唯一読めたのです（誰の本か聞きたい方は僕に連絡くださいね）。基本、僕は漫画派でしたので、もしかしたら、この本が大人になって、初めてまともに読んだ本かもしれません（笑）。

その後、その起業家さんの影響もあって、サラリーマンをしながら副業としていろいろ物販をしていたのですが、そこでの試行錯誤の中で「稼ぐためには利益率を高くしない」といけないというのを、身に染みて感じるようになりました。

値段が高くて利益率のいい物販と言えば、不動産です。実際、不動産の営業の仕事をしていたこともあります。

ただ、確かに不動産の営業は値段が高いものを扱い、利益率もいいのですが、契約書を作成するのがとにかく面倒くさい。僕はそういった作業が嫌いなのです。

お客様に笑顔でステキな物件を紹介するのは楽しいのですが、いざ契約となると、2時間ぐらいかけて売買契約書を作ったりしないといけないし、重い雰囲気の契約なので、軽いノリが好きな僕には、副業にするのも精神的に負担だと思いました。

そして、不動産のように大きいものではなく、小さくて利益率が出るのは何かと考えた時に、ブランド品に辿り着いたのです。

たった数百円の利益からスタート

そこで今から5年前、40代前半の時に、フリマアプリからブランド品を仕入れて、金額を上乗せしてフリマアプリで売るということを始めました。

ただ、正直に告白すると、最初はほとんど儲かりませんでした。

数千円の値段を上乗せしてそれで売れればいいですが、売れなければ値段を下げるので、仕入れて、売って、発送しても利益が数百円。赤字になることすらあったのです。

その仕入れ自体もひとつひとつ購入するので面倒くさいし、最初の頃は仕入れも販売も、同じフリマサイトで仕入れて同じアカウントで売っていました。

そのため、買った人や売った人から、「あなたの履歴を見ると、他から買ったものを、高値で出していますね」とか、「あなたに売りましたが、それを高い値段で売っているんですね」という指摘もくるようになりました。履歴は誰でも見られる状態なので、このままでは、そのうち僕に「買わない」「売らない」という人も増えてくるでしょう。

そもそも、ひとつひとつ仕入れる作業は、正直、面倒くさいし、効率がよくありません。できれば、ドンと仕入れて売った方がいいわけです。

でも、大きく仕入れるためには、仕入れ先も大きくする必要があります。そのためにはどうしたらいいか？

そんなことに悩んでいる時、フリマアプリなどで売るためのブランド中古品が集まる「ブランドオークション会場」というものがあることを知りました。ちょうどインターネットに、このブランドオークション会場で物販をしている人のコンサルの広告が出ていたのです。

「そんな仕入れ先があるなら、ぜひ、そこから仕入れができるようになりたい！」

と思った僕は、借金をしてそのコンサルを受けることにしました。

そしてそのコンサルの先生と一緒に週1回、ブランドオークション会場に行き、オークションの方法など、その先生の知っていることのすべてを教わったのです。

ブランドオークションの世界にデビュー！

ブランドオークション会場では、1日に3000点〜5000点のブランド品が出品されます。商品を仕入れるためには、古物商許可証が必要ですが、その資格と元手のお金さえあれば、いくらでもここで仕入れることができるのです。

こういったオークション会場は全国にあります。東京、大阪、仙台、札幌、九州など、大都市にはたいていあり、平日はほぼ毎日開催されており、大きいところもあれば、小さいところもあります。

ここに商品を売るのは、大手の買取店から街の小さな質屋さんまでさまざまです。

ただ、よく考えてみてください。オークション会場には、お店に並べても売れない不人気商品なども一括して流れてくるわけです。

そして、関東では、多いところではひとつの会場に、400人ぐらい競る人が集まります。売れそうな商品は、1個に対して400人が競るので、相当値段が上がります。いくら良い商品でも、6万円で買ってフリマアプリで4万円でしか売れなければ赤字です。

ですので目利きができない初心者が入ると、最初は失敗、失敗の連続。僕自身、マイナスで売れたということも、今思えばびっくりするくらいたくさんありました。

失敗を何回も重ねて見つけた「勝ちパターン」

ただ、失敗を何回も重ねたことで、流れてきた商品を見て、「これはＯＫ」「あれはダメ」というのが分かるようになります。

オークションでは、高額なものは1点ずつ競りに出されますが、少額のものは袋に10個入ってまとめていくら、と競りに出されます。そういったものの中には、汚れがひどいものや、カビだらけ、ほつれがあるもの、極端な話、ゴミ同然みたいな商品もあります。

僕が目を付けたのは、そういった「安く仕入れられる商品」です。

一見ボロボロの商品であっても、ちゃんと手入れすれば、見違えるほどキレイに復活するものも意外とたくさんあります。そんな商品を安く買い取り、キレイにして、さらにいろいろと付加価値を付けて、値段を上げて売るようにしました。

それがこの仕事の始まりです。

仕入れてそのまま売るだけでは、数百円の利益しか出ないものが、商品をキレイにするのはもちろん、いろいろな売れるテクニックを付与することで、数千円〜数万円の価値をプラスして売ることができるのです。

1個出品すれば、1万円以上の利益になる

こうしてブランド品の物販の「勝ちパターン」を確立できた僕は、1年間ぐらいは1人でオークション会場に行っては商品を仕入れ、コツコツと出品していきました。

そうすると、次第に1個につき1万円以上の利益が付くようになりました。1日5個売れたら、5万円の収入です。1日500円のお小遣い生活に比べれば、100倍の収入です。

自分がコツコツ作業をすることで、品物に付加価値が付いて、それがお金になって戻ってくる。もう売れるのが楽しくてたまりませんでした。

その頃はバイク関係の店の店長をしていたので、当時の勤務先の都心から他県の自宅までは通勤時間が片道2時間半ほどかかりました。仕事が終わってまっすぐに家に帰ってきても夜11時半。そこから夜中の2時から3時まで、出品するための写

真撮影や梱包などの作業をしていました。もちろん通勤電車の中でも、出品作業です。

休みの日も、ずっと朝から晩までこの副業をしていました。

いちばん売れた時期は、月に40個ぐらい売り、利益が80万円以上出ました。

高く売れるブランドは決まっている

しかし、1カ月に自分1人でできる個数には限りがあります。なぜならサラリーマンだし、おじさんだからです（笑）。

そこで、なるべく短い時間で稼ぐためには、単価の高いものを扱うのがいちばんだという結論に至りました。

具体的には、ブランド品でも、コーチやケイト・スペード、トリーバーチといったランクのブランド品では、利益が3000円程度、良くても5000円ぐらいしか取れません。しかし、シャネル、エルメス、ルイ・ヴィトン、フェンディ、グッチといった人気ブランドは、元値が高いので、高く売ることができます。

そういったノウハウも、この仕事を続けていくうちにだんだん分かってきました。

元値が高いものを、中古品でいかに安く仕入れることができるか。

そして、それをキレイにする。このことを僕は「リペア」と呼んでいますが、商品をリペアして、付加価値を付けて売ることが大切なのです。

ブランド品の市場が廃れることはない

この仕事を始めてすぐの頃、とても印象深い出来事がありました。

ブランドオークション会場に行った時に、80歳ぐらいのおじいさんに会ったのです。その人は、質屋さんを何十年もやっているベテランの社長さんだったのですが、その彼がこう言ったのです。

「わしは、もうこの業界に50年以上いるけど、仕入れができない、売れない時期っていうのは1回もなかった。この業界は、大変だけど最高じゃぞ」

その言葉が響き、それで、この業界で仕事をするのは間違いないと思いました。

実際、15年前や20年前の商品が、普通に15万円や20万円で売られています。

だったら25万円を出して今、売られている最新モデルを買った方がいいような気がしますが、その商品がどの時代に発売になったのか分からない人は「あ、キレイ」と思ったら、15年ぐらい前のバッグでも買うものです。

それにブランド品は、新品で買った場合、一度買うと10年、15年くらいは大事に使う人が多いので、年式が古くても、状態がいい。

さらに、もう5~8万円くらいお金を出せば新品の最新モデルが買えるのに、そこまで資金がなくてちょっと古い年式のものを、思い出や昔からの憧れで買う人も多いのです。

仕入れは人に任せた方がいい

こうして1年ほど、週1回程度、コンサルの人と一緒にオークション会場に行って仕入れるという生活を続けましたが、やはりオークション会場に行くのは1日仕事になります。

しかも、サラリーマンをしていたバイク関係の店では、ツーリングのイベントなどもしていたので、純粋な休みは1週間に1回程度しかありませんでした。その1日がオークションでつぶれてしまうと、その他の作業にかける時間も取れません。

それで時間がもったいなくなり、年20億円を動かしているという買取店の社長と契約し、買取店社長から直接仕入れをすることにしました。

オークション会場に入るための入場料や交通費、時間を考えると、買取店社長にお願いをした方が断然いいかなと思ったのです。そして何にしろ、人間的にも信用できる（それは今もですが！）社長さんでもあったので、彼にお任せすることにしました。

出品も人に任せることにした

そして同様に、最初のうちは1人でコツコツと出品していたのですが、販売個数を増やすために、副業をしたいサラリーマンや主婦の方を募集することにしました。

これは時間の節約ということでもありますが、より有利な仕入れをするためでもありました。

前述の通り、僕は商品を買取店社長から直接安く仕入れていますが、毎月20万円を仕入れるよりも、毎月２０００万円を仕入れた方が、やはり相手もこちらを大切にしてくれます。

実際、最初はボロボロの安いものしか仕入れられませんでしたが、こちらの業務拡大に伴って、最近では、少しキレイにすれば高値で売れるような商品もたくさん流してくれるようになりました。さらに最近はおまけをいっぱいくれたり、「こういった商品が欲しい」というような、こちらのわがままもいろいろ聞いてくれるようになっています。

ただし、たくさん仕入れるためには、たくさん売らなくてはいけません。そこで、たくさん稼げる人を僕が指導育成することで、売る人を増やそうと考えたのです。

具体的には、高値で販売する方法を教える物販ではあまり行わない方法ですが、物販のコミュニティーも立ち上げ、そこでノウハウを伝えながら、買取店で仕入れてきた商品を無料で渡して、売れたらお金をもらうことにしました。

「売れたら商品代を返してもらう」というスタイルにしたのは、世の中にそんな悪い人はいないと思ったからでした。

人を信用しすぎで、高い勉強代を支払うはめになったことも

ところが、蓋を開けてみるとびっくり。9割くらいが商品代を返さない人ばかりで本当に驚きました。

最初、面接に来た皆さんは口を揃えて「本当にお金がないんです」「子どももかわいそうで……。私を信用してください、何でもやります。頑張ります」「絶対稼いだら返します」と言うのです。しまいには涙まで流す方もいました。

僕自身、子どもがいますので、そういった言葉を信じて15万円分ぐらいの商品を「売れたらお金を返してくれればいい」と、みんなにタダで渡したのですが、9割はお金も商品も返ってこなかった。

結果、仕入れた商品を、総額にすると何百万円と持ち逃げされてしまいました。

おそらく、「無料で稼げる」と募集をしたのが間違いだったのでしょう。無料で稼げる話に飛びつく人は、よく考えたら普通に危ないですよね。

だから来た人は、タダで楽をして稼げる仕事を探している人ばかりだったのでしょう。そして「おいしい話が見つかった。こいつはお人好しのバカだ」「何も言ってこなければ、返さなくていっか。言ってきても無視すればいい」「ブランド品を扱う人は、著作権違法の悪徳だから払わない」などと勝手に僕のことを悪く思っていたのでしょう。正直、とても悲しい話です。

それでも僕は、人を信じようと笑顔で「売れたら、代金を後で返してくださいね」と商品を渡していました。

「売れたけど、お金を忘れちゃって」と言われて、「じゃあ次の商品を渡すので、次回に2回分まとめて返してください」と渡して、計30万円分、それから1年それきりとか、連絡をしてもつながらなかったり……といったことも多かったです。

僕はみんなのことを信用していたのに、本当にめちゃくちゃ悲しかった。今までサラリーマンをしていて、僕の周りにはそんな人は誰もいなかったので、世の中にはひどい人がこんなに多いのかとびっくりしました。

また、連絡が付いても「お金は使ってしまって、もうないです」とか、「売れたお金で家賃を払いました」という方もいました。「私たち家族を公園に住まわせて、死ねって言うんですか、あなたは!?」と逆ギレされることも多々ありました。

皆さん多分、開き直って、「私は悪くない！」と思っているのでしょう。自分のことは棚に上げ、人を利用したり、騙したり、妬んだり、嫉妬したり、人の悪口を言ったり……。僕自身、そういう人たちとビジネスをすることで、ひどい体験をいっぱいしてきました。

貯金ができない人は、ビジネスで稼ぐことは厳しい

そして分かったのは、貯金ができない人は、ビジネスで稼ぐことは厳しいということです。

「貯金ができない＝全部使う」ということなのです。つまり「売上金＝全部使う人」なのです。貯めたり、増やしたりすることができず、使ってしまうのです。

物販のビジネスは、売上金からまた、売るための品物を仕入れないといけません。売っては仕入れて、売っては仕入れてを繰り返すことでビジネスが回っていきます。しかし、売上金を全部使ってしまう人は、次の仕入れができません。ですから、貯金ができない方は、この仕事は厳しいです。

とは言うものの、恥ずかしながらこの僕も、実は40代からやっと貯金ができるようになったんですけどね（笑）。

保証金をもらって始める代理店システムにした理由

繰り返しになりますが、一緒にこの仕事をやってくれる人を増やそうと、副業をしたい人を募集したものの、一生懸命稼いだお金で商品を仕入れても、結局返さない人に商品を持ち逃げされてしまい、全然お金が増えませんでした。

そこで知り合いの弁護士さんに愚痴をこぼすと、「それは先にお金をもらわないとダメだよ」「それは自分が悪いよ」と言われ、やはりそうなのかもと販売方法について考え直すことにしたのです。

先ほどは商品を持ち逃げするひどい人の話ばかりをしましたが、もちろん中には面接で、逆に「最初に絶対、きちんとお金を払わないとダメでしょう」という方も稀にいました。そういう方こそ、雇う側という僕側の気持ちを大切にしてくれる、信用できる方だったのです。

そこで、この仕事をしたい人には、自己投資として最初にお金を払ってもらい、商品と、商品のリペアに必要な道具とをセットにして渡し、いろいろな稼げるテクニックなどを教えながら商品を販売してもらうことにしました。

これが今、僕が行っている代理店システムです。

最初に渡した商品を売って稼ぐことができて、また僕から商品を仕入れたい場合は、商品に手数料として10%だけプラスして卸すようにしています。しかも売れなければ、返品も大丈夫にしています。

このシステムにはびっくりされることも多いです。正直なところ、このシステムは、僕自身も超大変です。ちゃんと売れて利益が出る商品を仕入れないといけないわけですから。

「誰もそんなバカなことをしないよ」と言われたりもしますが、それでも、僕がこの代理店システムにしたのは、やはりどんな商売でも相手にとっての「お得意さんと信用のある関係」になるのが大切じゃないかなと考えたからです。それでできあがったのが、この代理店システムなのです。

街の靴修理やブランド品クリーニングと同じ

そしてもう一つ、仕入れも販売も人に任せて、自分がその間をつなぐという仕組みを作ったのは、仕入れとリペアを分離したかったからでもあります。

日本の仕組みと言うか、日本人の価値観でおかしいなと思うところは、ブランド買取店はブランド品を仕入れて売りますが、ブランド買取店が直したり、リペアをしてお店に並べると、「あそこのブランド買取店はボロいのを買って、お店の裏で直して売っている」と悪く言われ、信用をなくしてしまうところです。

信用をなくすと、そこの商品も売れなくなります。

しかし、世の中には、ブランド品のリペアをしたり、リカラー（色を塗り直すこと）をするお店、それだけをしてくれるお店はいっぱいあります。駅前やショッピングセンターに入っている修理屋さんでも、ボロボロになったブランド品のバッグやお財布も、ピカピカにしてくれますよね。そちらは、誰も悪く言ったり、叩く人はいません。

そこで僕は、商品を仕入れて、それを代理店の皆さんがキレイにして販売をすることで、表向きでは「仕入れ」と「キレイにすること」が結びつかないようにしたのです。

本来なら、古いブランド品を仕入れ、リペアを施して高く売るのは、リペア代金をもらっていると考えれば何も悪いことではないはずですよね。そういう意味では、この仕事は、街の靴修理やブランド品クリーニングと同じだと、僕は思っています。

これまでのすべてからみあって生まれた仕事

ちなみに、代理店の皆さんに教えているブランド品のお手入れのテクニックは、自分でコツコツやっている時にいろいろ試して会得しましたが、もともと母が趣味で革細工をしていたので、それを見たり一緒に手伝ったりして学んだ部分も大きいですし、何千万と自己投資し学んだことも今につながっています。

おかげで、ボロくてひどく汚れたブランド品も、どうしたらキレイになるか、見ただけでだいたい分かります。

また、若い頃、僕はバイクに乗っていて地方のレースで優勝した経験もあるのですが、ブランド品のリペアはバイクの修理に通じるところが多々あります。バイクレースの世界では、転倒などで破損したバイクを、部品から組み立て直して全部自分1人でキレイに元に戻したりするのですが、リペアもそれと同じような感じなのです。

ちなみに、リペア道具は、ホームセンターやネットなどで買うこともありますが、革専門店に行って買ったりもします。他にも特殊なものに関しては、修理の方法を専門家に指導料を払ったりして教わりにも行きました。

このように、副業への思い、母の影響、バイクレーサーの経験など、これまでのすべてからみあって今があると思っています。今、48歳ですが、人生とは不思議なものです。

ビジネスは、最初にお金を払うのが当たり前

さて、先ほど代理店について説明した際に、初期費用がかかることを書いていま

したが、具体的な金額までは書いていませんでした。

日本人は、ビジネスをするために自己投資をするという感覚があまり浸透していません。そのため、最初の面談時に初期費用の値段を言うと、「どうして最初にお金を払うの？」「お金を払うならやりません」「タダで商品をください」という方が少なからずいます。

サラリーマンの人も、アルバイトの人も、パートの人も、最初にお金を払って仕事をする人はいません。ですので、自己投資をして仕事をするというこの仕組みに驚かれるのです。

しかし、例えば美容師さんになって、自分のお店を持って月収30万円を稼ぐようになるためには、学費を払って専門学校にも行かないといけませんし、何年もかけて修行もしないといけません。店舗を借り、高額な特殊機器を購入し、ホームページを作ったりして何百万もかかります。お金と時間をかけて、ようやく月30万円を稼げるようになるのです。

ですから、ビジネスのノウハウを学ぶため、技術を習得するために、初期投資をしてお金を払うのは、何もおかしなことではありません。

悪徳業者には僕も何度か騙された

しかし、求人サイトには「自己投資と言って最初にお金を払わせるところは悪徳業者です」というようなことが書かれていたり、世間一般でも「自己投資＝悪徳業者」というイメージが染みついています。

実際、本当に悪徳業者もいます。僕も何度か騙されてきました。

例えば、物販スクールに入ったら、変な商材を買わされて、ボロボロの商品の画像が送られてきて、「売れたら連絡をください」ということがありました。6カ月やりましたが、全然稼げなくて、稼げてもお小遣い程度。月600円の収入では、何のためにこの商材を買ったのだろうという感じで終わりました。

他にも、たまに物販スクールで、「1カ月で100万円を稼いだ」というような話がありますが、それはサラリーマンを辞めて、朝から晩まで1日16時間労働、死ぬ気で働いて、1カ月に何千個の販売をして、梱包をして発送して、やっと稼げる金額だったりします。

ほとんどは、1個当たりの利益にしたら100円とか300円にしかならないものばかりです。1日8時間、サラリーマンよりも大変な思いをして働き、やっとサラリーマンの給料かそれ以上しか稼げないのなら、サラリーマンの方がいいと翌月にはサラリーマンに戻ってしまう人も多いでしょう。

だいたいそういった物販スクールで教わるノウハウは、中国から仕入れてネットで売るというものです。中国から1個仕入れるより、100個とか300個仕入れた方が、仕入れ単価が安くなるからです。

しかし、売れ始めると、中国人がそれを見て、さらに安い値段で同じ商品を出すようになります。今の世の中、誰でも最安値を簡単に検索できるので、当然、お客さんは安い方に行きます。

ここで勝負して勝つ人は相当すごい人ですし、ほとんどの人は失敗してひどい目にあっていることでしょう。

在庫の山が残り、また次の商品を探して仕入れても、同じようなことが起こり、在庫の山、山、山で、最終的には仕入れるお金もなくなります。最悪、リサイクルショップにそのまま持っていくしかありません。これでは誰も幸せになれません。

「副業＝悪徳業者」のイメージをひっくり返したい

ですから、僕は、その副業のイメージ、在宅や物販のマイナスのイメージを

100％ひっくり返したいのです。

しかも、僕は女性を応援したいので、家族のために頑張りたいとか、夢がある、といった女性にだけにしかこのノウハウを教えたくありません。

実は、これまでも何回も企業から一緒に組まないかというオファーが来たのですが、お断りし続けていたところ、なぜかネットであることないことを叩かれたりし始めたこともあります。それでもまだ僕はお断りを続けています。

それはどうしてかと言うと、企業がさらに利益を得るよりも、一般の普通の人で、家族のため、もしくは夢のために頑張りたい人を応援したいからです。

また、昔からブランド品は単価も高く、値崩れもしません。1個100円、500円の利益しか生まない商品とは違います。真面目に勉強をして努力をし、継続すれば必ず利益が出ます。

当然、ブランド品を仕入れるためにはお金がかかります。しかし1個7万円で仕入れて10万円で売れれば、3万円の利益になるのです。

もちろん、この最初に自分が負担する7万円は小さな金額ではありません。確実に戻ってくるか分からないものに7万円も投資するというのが怖いというのは確かに理解できます。

しかし僕の代理店システムの場合、投資した分が戻ってくるか戻らないかは、自分の頑張り次第なのです。もちろんそのためのサポートもしっかりやっています。単純な話、リターンを得たいなら、自分が頑張りさえすればいいのです。これほど確実な投資はありません。

向いていない人には無理に薦めない

ただし、だからといって誰にでもこの仕事をお薦めしようとは僕は思っていません。なぜなら、向いていない人もいるからです。

なので、僕のところに代理店になりたいという人が来た場合は、面談させていただき、その人が副業に向いているか向いていないかを見極めています。当然、会社の面接と同じですから、誰でも雇うというわけでなく、ダメだと思ったら採用はしません。

ギャンブルが好きな方、貯金ができない方、クレジットカードが使えない方、楽して稼げる方法を探している方、ペコペコ謝るような営業の仕事は絶対にイヤだと思っている方も採用しません。

どんな仕事でもそうですが、お客様にはある程度、変な人もいますので、そういった人にまではペコペコできないと思っている人にこの仕事は向いていません。

それから、自分の考えが絶対に正しいと思っている人、そして「普通というのはこうだ！」「こうあるべき！」という固定観念がある人も向いていません。

ちなみに、この代理店の求人には、僕自身の会社が広告を出して募集をしている

「MUチュウCommunity」と、代理店の人が広告を出して募集をしている「ROSE FAIRY」の2つの入り口があります。どちらも主婦向けの求人サイトに広告を出していることもあり、応募してくるのは、小さいお子さんがいて、在宅でしか仕事ができないという女性がほとんどです。

なので、面談をする時は、来た人が信用できそうか見極めるのももちろんですが、まず僕自身が怪しくないということを証明するのが大変です（笑）。そこで名刺を渡すのはもちろん、免許証も見せ、「写真も撮っていいですよ」と言って、信用を得てから話すようにしていました。さすがに今は、「悪用される心配もあるので、免許証の写真までは撮らせない方がいいよ」というアドバイスを受けて、そこまでするのは控えていますが……。

とはいえ、僕のような40代後半の男性だと身構えてしまう方もいらっしゃいます。そこで最近は、代理店の女性の方にも募集をお願いしているというわけです。

採用不採用を決めるチャレンジテスト

また、僕の会社に直接応募をされた方は、スカイプで面談し、その場で初期費用を払ってこのビジネスをするかしないかの即決をしてもらっていますが、「ROSE FAIRY」では、最初に1週間のお試し期間のようなチャレンジテストを設けています。

自分ができるかできないのか分からないのに、いきなり初期費用を払いたくないという人のために、コーチやケイト・スペードといった4000円以下の商品を、5～6個の中から1個選んで仕入れてもらい（＝この商品の代金だけはまず払ってもらいます）、販売価格1万2000円からスタートをし、1週間以内に利益を出して売ることができれば合格というテストです。

最近では「MUチュウCommunity」の方でも、このテストを始めました。

もし、やってみて自分に向いてなかったら諦めていいですし、売れて利益が取れた場合は、利益分をそっくりプレゼントします。もしその商品が売れなかった場合、商品を返してくれたら仕入れ代金もお返しします。なので、ゼロかプラスしかないテストです。

ただし、出品したら僕に連絡をしてもらい、1週間の間、辛口でいろいろダメ出しをします。「説明文のこれはダメですよ」「写真が汚れた雑巾みたいですよ」などと1週間言い続け、「無理だ」「辛い」と思った人は諦めますし、「楽しかった」とか「勉強になった」「もっとやってみたい」というプラス思考の人が代理店になり残っていきます。

これまでいちばん早かった人は、「1週間後の24時までに売ってくださいね」と言って商品を渡した2時間後に「売れました！」と連絡が来た人です。面談後、マックかどこかに寄り、商品をテーブルなどに置いて写真を撮り、その場で文章を書いてアップしたそうです。

このチャレンジテストで落ちる人は、約半数です。センスのない人は、とことんセンスがないからです。ただ、リペアや写真が下手でも、出品が得意な人は、出品代行だけの契約をすることもあります。

1円でも利益を出して売ったら合格

ここで、せっかくですからチャレンジテストを突破するコツをひとつお教えしましょう。

リペアや写真のセンスがあっても、目先の利益が惜しくて値段を下げられない人は、上手に売ることができません。

4000円の商品を、1万2000円から始めて、1万2000円で売れれば、利益は約8000円です。しかし値段を下げて1万円で売れば、利益は約6000

円になります。この２０００円が惜しくて値段を下げられない人は、結局１週間の間でこの商品を売ることができなかったりします。

僕は、「１円でも利益を出して売ったら合格です」と言っているので、それにピンとくる人は、ガンと値段を下げて、５００円ぐらいの利益で、あっという間に売ってしまいます。

値付けに関しては、すごくその人の性格が出ます。

僕自身の場合は最低でも１週間、普通は３日で売るのを目標として値段を付けています。３日で売れなければ、売れない理由を見直して、写真を撮り直したり、文章を変えたり、時には値段を下げることもあります。

実際、代理店の方を見ていると、１週間以内に売り切るという方が多いです。

すべての商品が１万、２万の利益が出るわけではありません。安く売らないといけない時もあるし、中には５００円、１０００円の利益しか出ない安いものもあります。そういった商品でも、1万、2万の利益を取りたいからと言って、ずっと値段を下げずに出していると、次にいけなくなってしまいます。

商品を回転させようと思ったら、そこで割り切って、値段をぐっと下げて手放して、次の商品を仕入れて、次で利益を出そうという切り替えのできる人の方が、うまくいくようです。

リペアをすることで価値を生む

4000円の商品を1万2000円で売るためには、いかにリペアをして商品をキレイにするかが重要です。リペアによっては、500円の商品が、9000円で売れたり、限定品などの希少性の高い商品になると、10万円以上の利益が出ることもあります。

ですから、汚れを取ったり、カビが生えている部分を靴を洗うブラシなどでキレイに取りのぞいたり、ほつれや金属部分のメッキが剥げているところなども、いろいろなテクニックを使ってキレイにしていきます。

外から見ると使用感がなく、新品に近いような商品でも、中を開けてみると、小銭入れのところが汚れていて、かなり使用感があったりすることもあります。そういうところも、ひとつひとつ丁寧にチェックして、汚れを取っていきます。

そして商品がキレイになったら、商品の写真を撮ります。写真の撮り方ひとつでも、清潔感の見え方が全然違います。同じ商品で同じ場所で同じスマホで写真を撮ったとしても、撮る人が違うと天と地ぐらいの差が出ます。

商品を上手に撮影するためには、カメラの設定の選び方、撮る場所、光の角度などが重要になってきます。それらは商品の色味などによっても違うので、そこら辺も日々勉強が必要です。

また、写真が上手な人は、背景にブランドイメージに合う花を飾ったり、小物を置いて一緒に撮ったりもしています。

真面目な方にありがちなのが、ちょっとした欠点を大きく見せてしまうというパターン。5ミリの汚れを、5センチに拡大して画像に貼り、矢印を付けて「これが汚れです」と見せても、まず売れません。

もちろん、「汚れがある」と書くことは必要ですが、5ミリの汚れがあったら、5センチに拡大するのではなく、全体から見て、どのぐらい汚れが目立つのかを見せた方が、購買者にとっては役に立つ、知りたい情報となります。

全体的な商品の写真を撮り、矢印を付けて、「ここに傷がありますが、普段使いではまったく気づきません」とか、「普通に使うならまったく支障がありません」というふうにすれば、了承済みで、すぐに買う人もいます。

品物の状態の書き方にもコツがある

他にも、リペアをして出品をする時に、品物の状態を書いていますが、これにも売れるコツがあります。

例えば、僕のところの代理店の出品者の方が出品に付けているランクは、上から順に以下の通りです。

新品未使用 ↓ 新品同様 ↓ 新品展示品 ↓ ほぼ新品 ↓ 新品に近い ↓
超極ＳＳＳ美品 ↓ 超極美品 ↓ 超美品 ↓ 美品

40代以上の方にとって、「美品」というのは、中古の中でも最高ランクというイメージがあるかもしれませんが、今、インターネットで売っている「美品」は、最低ランクに近い表示なのです。「近くで見ると意外と難点があります」と、ただし書きも付いています。

ですから、最近の若い人には「美品」という言葉は響きません。今の時代は、いかに新品という文字がたくさん付いているかが、お客様への響き方を左右します。

よくスーパーに行くと、ワゴンにお財布が1000円か2000円で山積みになっていますが、ああいう商品が「新品展示品」や「新品同様」と呼ばれます。ほつれていたりするものや、「これでは使えないんじゃないの？」というものもいっぱいありますが、あれも新品未使用、展示品と言った表現になるのです。

もっとも、フリマ業界では「新品」のインフレが起きているので、そろそろ「新品」に代わる言葉が出てくるかもしれません。

こういった中古品は、買う人によって受け取り方がさまざまです。

初めてブランドを買うような若い子は、「わあ、キレイ」となりますが、これまで新品ばかり買ってきた人が、うちの商品を見ると、「美品と書いてあるけど、美品じゃない」となります。新品の値段の3分の1ぐらいの値段ですから、そんなに新品が良ければ、新品を買えばいいのですが……。

そのため、同じ商品で、同じようにリペアをしても、写真や文章の書き方ひとつでも、売れるか売れないかの差も出てきますし、クレームが来やすいポイントもあります。

分からないことは、いくらでも聞きに来てほしい

そこで僕は、代理店の皆さんには、どうしたら売れるとかというさまざまなテクニックを、すべて教えています。地方の代理店の人も参加しやすいように、スカイプでの勉強会は週に5回以上、対面での勉強会も定期的に行っています。

そこでは壊れたホックの直し方、写真の撮り方、場所、角度、商品ごとの写真の撮り方などなど、そういったことも全部教えていきます。

他の物販コミュニティーでは、マニュアルを渡して終わりというところがほとんどですが、僕のところの場合は、「いくらでも聞きに来てほしい」と、代理店の皆さんには繰り返し伝えています。実際、代理店になって最初の1カ月間、ほぼ毎日通ってきた方も何人もいます。

以前、若い男の子が代理店契約をしたのですが、3日間全然出品していないので、どうしたのかとメッセージをしたことがあります。

すると、「家に帰ると、テレビを見てお酒を飲んじゃうので、できないんですよ」と言うのです。「どうしたらいいですか」と聞かれたので、「毎日仕事が終わったら僕のところにおいで」と答えると、本当に平日、毎日僕のところにやってきました。

分からないところを教えながら、僕の横でリペアをしたり、写真を撮ったり。その結果、彼は無事にサラリーマンをしながらの初月で軽く40万円以上の利益を出すことができました。

情報交換をして、みんなで一緒に儲けよう

また、こうやってある程度、基本的な技術を学んだ後も、コミュニティーで情報交換をして、技術をブラッシュアップしていけます。

大元のブランドの方で新商品が出た時などは、代理店の方がいろいろリペア方法を試してみて、「これでいけますよ！」と教えてくれたりもします。そのような場合は、実際に僕も試し、本当に大丈夫と分かれば、他の皆さんと情報を共有したりします。

他にも、オークション会場から仕入れる際、あまりにもひどいボロボロのものは、買取店社長がゼロ円でたくさん譲ってくれますので、それをみんなに勉強用に配って、好きにリペア方法を試してもらったりもしています。

そうやって新人の子たちを手厚く育てると、彼女や彼らが成長し、今度は、彼らが新人の面倒を一生懸命見てくれるようになります。

人間というのは、欲が出ると独り占めをしたくなりがちですが、僕のコミュニティーは、ウィンウィンの関係。「みんなで一緒に儲けよう」というスタンスです。自分で覚えたことは、みんなに惜しみなく提供します。

女性は特に、いろいろな方法を試すのが好きな人が多いので、うまくいくと「うまくいきました！」と教えてくれ、それをみんなでシェアをしています。

正直、学ぶよりも人に教えたりする方が好きな人が、楽しくこの仕事をやれているようです。子どももそうですよね。すぐ自分より小さい子に教えたがります。自分も小さいのに（笑）。でも、それが自分自身の技術の定着や、新たな学びにもつながるのです。

返品ＯＫで、安心・安全のシステムで副業をサポート

その他にも、僕の代理店システムでは、安心して仕事をできるようにさまざまな取り組みを行っています。

例えば、僕のところでは、ある程度出品して、これで稼いでいくと決めたら、古物商許可を取ってもらっています。古物商許可は、盗難品売買の早期発見の目的のために作られた資格です。この許可を取らずに仕事として中古品売買を行うと違法となる可能性があるため、安心して仕事を行ってもらうためにも取ってもらっているのです。その申請方法ももちろんサポートしています。

また、先にもお伝えしましたが、代理店になって、仕入れた商品が売れない場合は、返品もＯＫにしています。例えば３万円で仕入れて、売れなければ３万円を返します。手数料も引かず、まるまる３万円返金します。

こんなシステム、他で聞いたことがありますか？　世の中には、いろんな物販を教えるコミュニティーがありますが、返品ＯＫというのは、他にはないと思います。

なぜ返品可能にしているのかと言うと、別のその分、僕が損しているわけではありません。初心者の方は、けっこう返品をしに来ますが、その商品をベテランさんに渡すと、さすがです。あっという間に高値で売れてしまうのです。

本当に売れないという商品は、何百個と仕入れて半年で１〜２個あるかないかです。

なぜなら、私が目利きとなって責任を持って仕入れているからです。

ちなみに現在、代理店の方はたくさんいますが、この仕事をメインでやっているという方は、30名ぐらいです。

初期費用の元が取れた後は、お金が欲しくなった時にたまにやるという人もいますし、妊娠・出産でお休みをしてから復活するなど、人によって、さまざまな働き方をしています。

僕の方でも、代理店契約時に厳しいノルマを設けていません。

独立すればサラリーマンのストレスからも解放される

僕がこの副業を始めて、いちばん大変だったのは、サラリーマンとの両立です。妻が、「サラリーマンだけは絶対辞めるな」というタイプなので、なかなかこちらのための時間を作るのが大変でした。

やはりサラリーマンをやりながらの副業は、体力的にも精神的にも限界でした。途中で自律神経もおかしくなり、睡眠薬と安定剤をもらっている時期もありました。

勤務先であるバイク関係の店は、冬は寒いので暇なのですが、春夏秋はお客様が多く、365日夜9時までやっていました。その店を、僕ともう1人のスタッフとの2人で交代で回していたのです。なので、仕事が終わり、家に帰ってくるのは11

時半すぎ。そこから副業を深夜2時、3時までしていると、睡眠時間は毎日4〜5時間です。

しかも、副業を始めて4年ほど経つと、会社でも、副業をしていることに対する嫉妬や嫌がらせ、妬み恨みを受けるようになりました。そこまで来て、やっと妻も理解してくれて、ようやく会社を辞めることができました。

会社を辞めてからは時間もでき、本当にストレスがなくなりました。

この仕事自体、僕は本当に楽しいです。楽しいことしかありません。

昨日も代理店さんに商品を振り分けるために、夜2時ぐらいまで買取店社長から買った商品を1個1個袋に入れていました。その振り分け作業も、「こんな商品があるんだ！」「これは高く売れそう」と、商品を見るだけでワクワクしてきます。

ブランド品ほど面白い商品はない

それに、商品を通していろいろな人生模様が透けて見えてきたり、知らない世界を垣間見ることができるというのも、ブランド品を扱う仕事の面白さです。

例えば、オークション会場に納品される商品は、普通の人たちが大手買取店などに持ち込んだものが始まりですが、ひとつの商品がぐるぐる回ったりすることがあります。うちがキレイにして売ったものが、またうちに来ることも、たまにあるのです。

ハイブランド品で、10年前とか20年前に記念に買って使っていない新品同様のものも、たまに出てきます。そういうのは、高値で売れるので、1回市場に出ると、ぐるぐると回ります。

また、ブランド品というのは新しい商品もいっぱい発売されますし、人気なものはたくさん売れるので、何カ月かすると、もう中古業界に流れてきたりします。

他には、キレイなお姉様がプレゼントにもらってそのまま質屋さんに持ち込んだと思われる品物も多いです。「RIE」「AYU」とかイニシャルが入っていたりするものが、1度に5～6個出てきたり。どうせ本名ではないんでしょうけど（笑）。

そういうイニシャル入りは、質屋さんでは、すごく安く叩かれます。それをうちが買い取り、イニシャルを消して販売します。イニシャルが型押しの場合は消せませんが、ゴールドや赤の文字を剥がすと、パッと見、名前が入っていたことは分かりません。

それに、本当にボロボロで、どうしようもない商品にも、需要があったりします。

例えばルイ・ヴィトンのゴルフバッグなどは、生地の分量が多いので、ヴィトンの生地が欲しいという人に需要があります。特にルイ・ヴィトンのモノグラムの生地は人気で、皆さんその生地で小物を作ったり、車の内装やパーツに付けたりして楽しんでいる人がいます。

もちろん、そのようにして自分で作った商品を販売してはいけませんが、ヴィトン好きの方が個人で楽しむ分には問題ありません。そんな世界もあるんですね。

やる気さえあれば、誰にでもチャンスがある!

僕が副業を始めたのは、もともとお小遣いが昼夜合わせて500円だったからというお話は先にしました。

500円では生活できなかったので、妻に交渉したところ「休みの日に稼いだ分は、自分の小遣いにしていい」と言われて、パッと光が見えて、夢が膨らんだのです。

ブランド物を売り始めたら、売れるたびに1万、2万の収入が入り、調子がいい時は月80万円の利益も入るようになりました。しかも、物販だけで、ですよ。

特に年末年始は、クリスマスプレゼント用に買ったり、お年玉で自分のために買う学生が多いのか、1年の中でも特によく売れますが、それをのぞいても、とにかく一年中、ブランド品というのは飛ぶように売れるのです。

会社を辞めて独立してからは、自分でリペアをするよりも、新しく代理店になりたいという方たちに指導をする時間が増えました。

愛知や長野など比較的近い地方在住の代理店の方が、地方から上京してきて、対面で教えることも多いです。地方在住でも、代理店の方が数人集まれば、僕から出向いて教えることもあります。

現在、代理店をしている方は、細かい作業が好きな人、絵を描くのが好きといった美的センスのある人、小さい子がいたりシングルマザーで子どものためにお金を稼がないといけない人など、持っている技術もバックグラウンドもさまざまです。

何が言いたいかと言うと、つまりこの仕事は、やる気さえあれば、誰にでもチャンスがあるということです。

副業ができるかどうかは、僕は「車の免許を取る気持ちでやれば、達成しますよ」と言っています。

免許を取るためには授業の枠と、仕事やプライベートなど自分の時間を合わせて、予約を取っていきます。運転する実技の時間の予約なども、すべて自分でスケジューリングをするわけです。最短で取りたい人は、詰め込むだろうし、マイペースな人であっても2～3カ月あれば、運転免許は取れるでしょう。

ただし、中には自動車教習所の教習期限のギリギリになったり、教官にキレたり、辞めたりしてしまう人がいますが、やはり、そういう人は副業に向いていないかもしれません。

でも学生の頃、クラスに1人ぐらいはいるような、めちゃくちゃ勉強はできないけど元気だけはあった人でも、久々に会ってみると、ちゃんと免許を取って運転ができていたりしていますよね。そういう人を見ると、よく試験に受かったなとホントに不思議に思いますが（笑）、要は、やる気がいちばんなのです。

それから、自分自身のマネジメントができる人であれば、このビジネスは本当に結果が出しやすいものであるということも保証します。これは、これまでさまざまな副業に手を出して失敗してきた僕だから言えることです。

後は、家族みたいに僕を末長く信じて信用してくださるという自信がある方。やっぱり、信用は本当に大切です。僕と出会い1年、2年、3年と変わらず僕を信じてくださる方は、僕もすごく信用していますし、必ず結果もついてきています。

ぜひこのビジネスに興味を持った方は、ご連絡をください。一緒に頑張りましょう。

さらにこの次の章からは、1人でも多くの方に、僕たちのビジネスの良さを知ってもらいたいと思い、新人からベテランまで、13名の代理店の方に、実際にこのビジネスを始めた経緯や、大変だったことなどを話してもらっています。ぜひ、そちらも参考にしてもらえたらと思います。

PART 2

「詐欺だったら!?」と半信半疑のスタート

～野村麻依さん（30歳女性）の場合

●Profile
出身地：長野県　居住地：長野県　最終学歴：短大卒
家族構成：子ども2人（4歳男児、2歳男児）　代理店歴：8カ月

離婚をきっかけに、副業探し

私は短大卒業後、保育士の仕事に就いていたのですが、嫁ぎ先が農家だったのでそちらを手伝うためもあって、結婚を機に仕事を辞めました。

しかし、2年前に離婚をしたのを機に再び保育士に。今は、子ども2人を職場とは違う保育園に預けて、正規職員ではなくパートとして保育士をしています。

この仕事を始めたのは、離婚がきっかけです。

パートとして保育士をしているのは、子どもの送迎や、急に熱が出た時の休みの

都合など、パートの方が正規の保育士よりは融通が利くからです。とはいえ、パートなので、やはりお給料も正規の保育士よりは安く、生活はギリギリ。

保育士に復職して半年ぐらいは、貯金を切り崩しながらやりくりをしていましたが、いよいよ厳しくなってきて、転職をするか、何か副業を探そうと思い、取りあえずネットで検索をしてちょっとした副業をしてみたり、ハローワークに行ったりしていました。

そんな中、女性専用の求人サイトで、ＭＵチュウという会社の「返品ＯＫ」の中古ブランド品の代理店販売という仕事を知ったのです。

厳しめの条件だからこそ興味を惹かれた

ＭＵチュウの応募資格は、「誰でも」というより「きちんとやればきちんと収入になるので、それがきちんとできる人」というような厳しめの条件でしたが、逆にそこに惹かれました。「簡単に稼げる」「1日10分で」というキャッチコピーは、求人サイトなどでもよく見かけますが、この仕事は「ちゃんとやらないと稼げない」というのが大前提。

他にも、MUチュウの求人サイトには、「確定申告もしてくださいね」「週に8時間以上働ける方」というようなことが書かれていて、すごくしっかりしているなと感じました。

それまでにも少しだけ副業経験がありました。例えばエアコンに取り付ける空気清浄機などのモニターをしたり、水引を作ってそれを袋に入れる内職、文章をパソコンに入力する作業といったものです。しかし、どれも収入は本当に微々たるものでした。

月に50時間以上、真剣に頑張っても、得られる収入は月に4000円や5000

円で、「こんなに苦労をしてるのにこれだけ!?」というようなものばかり。

それで取りあえず話を聞きたいとMUチュウに応募をし、1回目に2時間、2回目に1時間、トータルで3時間ぐらいの面談を受けさせていただきました。

私自身がしっかり理解して納得がいくように細かいことまで質問させてもらいましたが、些細なことにも丁寧に答えてくださり、決断することができました。

やっぱり最初は詐欺ではないのかと心配した

面談では、初期費用かかることを知り、本気で頑張ることで月収100万円も夢ではないということも知りました。それを聞いて、最初は正直、詐欺ではないのかと、けっこう心配でした（笑）。

「面談を担当してくれた女性の人も、詐欺師の一味ではないか?」と内心怪しんでいたのですが、その女性もバツイチで、実際にすごく稼いでいるとのこと。バツイチ仲間なら大丈夫な気がしてきて、初期費用分のお金をかき集めて、「いつか利益を取ってやる！」と思って始めることにしました。

その後、社長の松浦さんともスカイプで面接をしたのですが、これまた怪しさMAX。爽やかなおじさんだなとは思いましたが、面接も軽いノリで、「大丈夫かな？詐欺ではないかな？」という不安が再びおそってきました。

しかしすでにお金を払った後だったので、松浦さんがいい人であることを願うばかりでした。

面接後も、本当に商品が送られてくるのか、半信半疑。お金を払っただけで何も送られてこないとか、最初のキットがしょぼいものだったらどうしよう、送られてきた商品が偽物だったらどうしようと、いろいろ想像して、頭が詐欺の方にしか行きませんでした。

ですから、販売用のブランド品などが入ったキットが送られてきた時には、心底ほっとしました。

リペア道具も揃っていて、商品もすごくちゃんとしていたので、お仕事をする不安よりも、「本当に届いた!」「本物だった!」というのが衝撃でした。「私、騙されていなかった」と安心しました。

分からないことは何でも、先輩たちから教えてもらえる

とはいえ、初めてやるお仕事ですから、最初は、どこから何に手を付けていいのかが分かりませんでした。

それで取りあえず松浦さんや、コミュニティーの方々に「どうしたらいいですか」と発信すると、皆さんからきちんと返事がいただけて、そこでまた安心することができました。

届いた商品で最初にしたのは、取りあえず財布の見栄えをよくすること。まずは、キレイに磨いて、壊れているところを直すことにしました。財布を縫ったりするのも初めてだったので、最初は「どこを縫うの？」「どうやって縫えばいいの？」と疑問ばかり。しかも、針を通すのがとても硬くて大変でした。

でも、コミュニティーの方に聞くと、「手袋をすればいいよ」とか、リペアの方法も教えていただいたりして、分厚い手袋を買ってきて縫ったりしました。

その後も、スカイプ勉強会にも出席できる日は、全部参加をして、「こういう時はこうする」と、リペアの方法をひたすらノートにメモしていきました。

コミュニティーはメンバーが意外といるので、自分が発信するのはちょっと恥ずかしいというのがありますが、スカイプ勉強会は参加者が10人ぐらいなので、「こんなことを聞いたら恥ずかしいかな」と思えるようなことも、気軽に聞くことができます。さらに参加している皆さんのいろいろな体験談も聞けるので、まさに「勉強」

になります。

値付けや写真の撮り方など、最初は試行錯誤が必要

最初に売った商品は、わりとすぐに売れました。値段の設定が最初は分からなくて、少し安めに出してしまったからというのもあるかもしれません。

でも、「こんなにすぐに売れるんだ」と驚いて、安く売ってしまった自分が少し悔しく、2回目は少し高くしてしまったら、今度はなかなか売れませんでした。それで、欲が出るとダメだということを実感しました。

そこで、フリマアプリの中で、だいたいどのぐらいで売れているのかというのを調べて、それより少し高いぐらいの値段設定で出してみたり、写真を撮り直してみたり、いろいろ試行錯誤をしながら出品するようになりました。

勉強会でも「写真と文章がいちばん大事」と言われ、カメラの設定をいろいろ変えて写真を撮ってみたり、角度を変えたり、けっこう気を遣っています。

ちなみに、これまでで最高の月収は30万円です。

最初の３カ月ぐらいは要領が悪く、よく分からないことも多かったので、意外と利益がありませんでした。

しかし、時間の使い方や写真の撮り方、文章の書き方、値段設定などを、自分の中で工夫したり、リペアの方法も、時間の短縮になるやり方をコミュニティーで教えていただいたりして、コツをつかめるようになってきました。

撮影はまとめて行い、隙間時間に出品

現在、仕事を８カ月やってみて感じたのは、当たり前のことですが、やはり自分

が怠れば、怠っただけ何も利益がないということです。

夜にリペアをしようと思っていても、子どもと一緒に寝落ちをしてしまって朝になってしまったり……。昼間は保育士の仕事もあるし、子どもたちのお世話もあります。最初は、なかなか時間の確保や、やりくりが難しかったです。

でも「時間がない」という言い訳をしていては、いつまで経っても商品をフリマアプリにあげることができません。そしてフリマアプリで売れなければ、収入にもならないし、次の商品を松浦さんに発注することもできません。

これでは、せっかく初期投資までしたのに、それが無駄になってしまうと思い、子どもを寝かしつけた後、20時すぎに目覚ましが鳴るように設定をしておいて、起きてリペアの作業をするようにしました。

今は、22～23時まで集中してリペアをし、写真はある程度、商品がたまったら一度にまとめて撮るようにしています。写真を撮っておきさえすれば、後は寝かしつけの前後や昼間の仕事の休憩時間に、ためておいた写真を調整したり合成したりして、出品することができます。

今はそういった隙間時間をアップの時間にすることで、時間の有効活用ができています。

「写真を撮るのが上手」「性格がまめ」「丁寧な応対が得意」な人にお薦め

この仕事でいちばん苦労したことは、やはり写真の撮り方です。いくらリペアが上手にできても、写真がよく撮れなければ何の意味もありません。私にとっては、リペアよりも写真の撮り方の方が神経を使う作業です。この仕事にいちばん向いているのは、写真が上手に撮れる人ではないかと思うぐらいです(笑)。

部屋の明るさ、撮影角度が難しく、今でも苦労をしています。日ごろから子どもの写真は撮っていましたが、商品をキレイに撮るというのとは、まったく勝手が違います。小さな傷でも、撮り方によっては目立って写ってしまったり、まだまだ修行が必要だなぁと思っています。

もちろん、リペアの方も、日々修行です。先日、黒い財布のリペアで、傷を消そうとマジックやマニキュア、消しゴム、やすりなどを使って頑張ったのですが、なかなか消えず……。

「そうだ、真っ黒に染めればいいんだ！」と黒に染めたら、リペアをした部分が染料をはじいて、逆に浮いてきてしまい、乾いては染め直しをして、を4回くらい繰り返して、ようやく真っ黒になりました。

その後すぐに出品をして、2日後に、1万9000円で売れたので、返品されなければ利益が3000円出ます。リペアの頑張りに比べれば、利益は3000円ですが、少しでも利益になればいいし、失敗や返品も経験になります。何事も全部プラスに考えるようにしています。

返品も、お客様の方から「返品お願いします」とご連絡が来て、「ご満足いただけなくてすみませんでした。返品承ります」とやり取りをするだけなので、苦痛やストレスもなく、わりとスムーズな流れだと思います。

それよりも、フリマアプリで出品することで、「娘の誕生日プレゼントなんですが、プレゼントにどう思いますか」と質問されたり、「すごく喜ばれました」といった反応があったり、売ったもので話が弾んだりした経験は、今までの副業ではなかったので、すごくやりがいを感じます。

ですので、この仕事は「写真を撮るのが上手」「性格がまめ」「丁寧な応対が得意」という人に特に向いていると思います。

「副業をしたいけれど小さい子どもがいて」などと迷っている人も多いと思います

が、実際に始めてみれば、なんとかなるものです。まずは一歩を踏み出してほしいと思います。

お金のせいで、子どもの夢を諦めさせたくない

この仕事をして良かったのは、とにかく自分で収入を得られるということです。

息子は虫を捕るが大好きで、図鑑を眺めたり、虫捕り網&虫かごを首からぶら下げて虫を捕りに行くのが日課です。そんな息子に私が最初にあげたものは、100円ショップの網と虫かごでした。でも、すぐ壊れてしまったり、破れたり。そのたびに息子は落ち込んでいました。

でも、この仕事を始めて、家計に余裕ができたので、すごく丈夫な値段が高めの虫かごを買ってあげることができました。すると、「うわー！何これ！」と大感激。虫捕りに何度も持っていっても壊れないので、虫捕りにも集中することができて、意

欲MAXのまま全力で楽しんでいるようです。

そんな子どもの姿を見て、「お金があると、子どもに見せてあげられる景色も変わり、喜びも大きい」ということを、つくづく実感しました。親としても、喜びでいっぱいでした。


親や職場など周囲からは、「子どもが大きくなると、もっともっとお金がかかるよ」と、よく言われています。この先、学校の部活などでは、子どものモチベーションアップにつながるよういい道具を買ってあげたいし、進路も、子どものやりたいことを全力で応援したいと思っています。

だからこそ、お金がないことで、何を諦めさせるような事態は避けたいのです。

自分の子どもには、最後までやり遂げる力、やり抜く力、結果を出す力をしっかり付けさせてあげたい。

そのためにも、やっぱりお金は必要不可欠だと気が付いたのです。

目標は、月収100万円、年収1000万円を稼ぐことです。子どもの教育資金に1人1000万円、自分の老後資金に2000万円と考えると、合計4000万円以上が必要なので、それを考えると、たくさん仕事をして、早く貯めないと……と思っています。

POINT

- シンママでも副業でできる!
- 隙間時間を使って上手に仕事時間を作るべし。
- 写真を撮るのが上手な人には特にお薦め。

PART 3

副業で稼ぐためにはハイブランドを扱うのが近道

～ハセガワヒロコさん（56歳女性）の場合

Profile

出身地：大阪府　居住地：大阪府堺市　最終学歴：高卒

家族構成：母　代理店歴：10カ月

母の介護のため百貨店の販売職を退職しこの仕事に

高校卒業後、化粧品メーカーに就職し、美容院部員として働いた後、エステティシャンに転職。さらにスポーツメーカーに転職をして、販売職の正社員として百貨店で接客を担当していました。

しかし、同居をしていた高齢の母の具合が悪くなり、1年ほど前にやむなく仕事を退職しました。その後、母の病気は回復しましたが、足腰も弱ってきているので、家のことがだんだんできなくなってきています。

この仕事を始めたのは、退職して4カ月ぐらいたった頃です。スポーツメーカーを退職し、始めの1～2カ月はそれまでの有給消化などで収入がありましたが、それ以降はゼロになるので、本当に困ってしまい、在宅でできる仕事をネットで検索していたところ、たまたまMUチュウのお仕事を見つけました。

月々食べていけるだけの金額を稼ぎたい

実はこれまでもネットビジネスには興味があって、さまざまなものに手を出していました。まさに副業ノウハウコレクター状態でした。

また、販売員時代から、クラウドワークスにも登録していました。美容業界が長く、そういった経歴も登録していたので、美容系の文章を書くといった仕事の依頼も時々ありますが、値段がとても安くて、それだけでは食べていけるわけがありません。

販売員の仕事をしている時は、アルバイトとして、月に数万円が入ればいいという感じでしたが、退職してしまったので、そんなことを言っている場合ではありません。

年齢的に、タダでさえ正社員で働くのも難しいですが、母のこともあり、在宅で働くしかありません。しかも、月々食べていけるだけの金額を稼ぐとなると、応募できる仕事も、とても限られています。

頑張っても10万円行くかどうかという仕事が多い中で、MUチュウの仕事は、頑張れば頑張っただけ稼げるというのが魅力でした。

それで、初期費用が必要とのことでしたが、取りあえず面談だけでも受けてみようと思い、申し込みをしました。

高いものを売っている人は、給料も高い

面談を受けた後、やはり初期費用がかなりのネックになりました。

実は、これまでも散々ネットビジネスに大金を払っていて、ほとんど回収できていたわけではありません。かなり悩みましたが、「もう、これを最後にしよう」と覚悟を決めて、この仕事に飛び込みました。

なぜ、私が決心できたかと言うと、百貨店で働いていたので、「ブランド品なら、中古品でも高く売れるのだろうな」というのが想像できたからです。

安いものを売っている人は、お給料もそれなりですが、高いものを売っている人は、給料も高い。百貨店での経験で、それは経験から知っていましたので、中古品も同じではないだろうかと思ったのです。

ボタン付けもまともにできない私でもできた

とはいえ、不安がゼロだったというわけではありません。商品をキレイにして、写真を撮って文章を書いてサイトにアップし、商品が売れたら発送をするといった一連のことが、自分にできるだろうか、という思いもありました。

実際、ひとまずは代理店契約をして、商品とリペアに必要なキットが送られてきましたが、「これは一体何？」「これで何をどうすればいいの？」という感じでした。

実は私、手先がすごく不器用なので、最初はかなりリペアに苦労しました。普段から、ボタン付けもまともにできず、母親に、「何なん、あんた、その縫い方！」と言われていたぐらいです。

このお仕事でのリペアも、最初は「失敗したかも」「修理できないかも」ということもしょっちゅうで、そういう時はコミュニティーで聞いたり、松浦さんに直接スカイプで教えてもらったり。

そんな状態からでも、1カ月ぐらいすると、ある程度のことが分かってきました。

ただ、隅から隅まで検品して、キレイに拭き取って、キレイに磨いてという作業はすごく好きなので、この仕事自体は向いているのかなと思います。

家事などの隙間時間で月収60万円以上を稼ぐことができた

また、家事などの隙間時間にやっているので、9時5時の仕事という感覚もあまりないですし、最初はすごく大変に感じていたリペアや写真撮影も、やり始めて数をこなすと全然苦にならなくなってきました。

何よりも、都内在住とかではなく、地方に住んでいても関係なく仕事ができるのが助かっています。なんとMUチュウには、北海道の方から沖縄の方まで代理店の方がいるそうです。

仕事を退職したとはいえ、日中は、母の介護をしたり、掃除洗濯炊事などの家事をしたり、買い物に行ったり。この仕事ができるのは、午前中と午後のちょっとした隙間時間と、夕飯の跡片付けが終わってお風呂に入るまでの時間ぐらいです。

しかし、現在、最高で月収60万円以上を稼ぐことができています。

もちろん、その月によって時間がなかなか取れなかったり、サボってしまったりすることもありますが、これまでのネットビジネスは、ほとんど続かなかった私も、1年以上続いています。

クレーム対応の文面には要注意

この仕事で私がいちばん大変だと思うのは、購入者様とのやり取りです。例えば商品を受け取ったにも関わらず、評価をなかなかしてくれないとか、コンビニ払いを選んでいるのに支払ってくれない、という方も中にはいらっしゃいます。

フリマアプリの場合は、フリマアプリ事務局に言えば対応してくれるので、そういうことに関してはあまり困りませんが……商品について、自分が答えられないことに関して詳しく突っ込まれるのが、いちばん大変です。そんな時は、松浦さんに「こんな質問が来ましたけど、どう答えたらいいですか」と助けてもらっています。

もっとも、これまで350個以上販売してきましたが、本当に嫌がらせのようなことをするお客様は1人か2人ぐらい。ほとんどが気持ちよくお取り引きできる方ばかりです。

また、ちょっとしたクレームみたいなものもありますが、難しいなと思ったのは、文章の書き方です。

百貨店で働いていたので、クレーム対応には慣れているつもりでした。対面でのクレーム対応であれば、頭を下げて「申し訳ございません」と、済まなさそうな表情で言えば、たいていのお客様は分かってくださります。

しかし、ネットでの販売は文章が命。文面には相当気を遣って書かないといけません。例えば「申し訳ございません」と言うのにも、文字で書くと、すごく冷たそうに見えてしまう時があります。できる限り丁寧な言葉を使うのはもちろん、「申し訳ございません」という気持ちが相手に伝わるように、単に「申し訳ございません」と書くのではなく、状況に応じていろいろな表現を考えて書いています。

とはいえ、正直百貨店の方が、クレーマーがとても多いので、それに比べれば、今の方がずっと楽かなとは思います。

仲間がいるから頑張れる

百貨店時代とは違い、今は在宅で1人で仕事をしていますが、このお仕事は、必要な時に助けてくれる相手がいます。コミュニティーの先輩、松浦さん、週5以上のスカイプ勉強会、フリマアプリの事務局……。孤独にならずにいられることが、この仕事を続けられてきた理由のひとつだとも思っています。

この点が過去に手を出したネットビジネスとの大きな違いです。

最初の副業は、自分のものを売る不用品転売でした。

次に一般の人が一番手を出しやすく、いちばん利益が上がりやすそうなせどりに手を出しました。せどりは、多額の金額を払ってコンサルを受けましたが、全然と言うか、まったく儲かりませんでした。私自身、向いてなかったのかもしれませんが、先生が教えてくれる内容が分かりにくくて、全然身に付かなかったのです。

まさにMUチュウの松浦さんとは月とスッポン。最初から松浦さんに出会っていれば良かったと、本当に思います。

学びながら進んでいくことが大切

これは、すべての仕事に当てはまることでもありますが、この仕事をやったからと言って、すぐに数十万稼げるわけではありません。

10万円ぐらいならすぐ行きますが、20万、30万、40万、100万ぐらい稼ぐには、それなりの努力と仕入れのためのお金が必要です。

稼げるかどうかは、結局は自分次第。分からないことは学びながら進んでいくことが大切です。そういう意味では、他のネットビジネスと違い、MUチュウは、すごく環境に恵まれていると思います。スカイプ勉強会も、多い週は、週に12回ぐらい行われています（笑）。

そして少しぐらい売り上げが悪い月があったとしても、諦めずに、日々仕事をこなしていけば成果は上がります。これは勉強や子育てと同じだと思います。勉強の暗記や、子どもの失敗も、何回も飽きずに繰り返すことで成長していきますよね。

この仕事も、成長するとスピードが上がり、効率も良くなります。

ちょっとしたことで諦めない気持ちや、向上心を日々持ち続けることが大切だなと思います。

女性ならではの細やかな気配りや美的センスが生きる仕事

商品をリペアして、写真撮影をして、説明文を作成して出品をして、お客様とやり取りをして、梱包・発送と、慣れてしまえば、この一連の作業を繰り返し行うだけなので、それほど難しいわけではなく、始める前に「できるかな？」と思っていた不安も取り越し苦労だったと今は思えます。本当にスマホは便利！

女性は、キレイにしたいという気持ちが強い方が多く、女性ならではの細やかな気配りや美的センスなども、この仕事にとても生かされます。ですから、すごく女性向きのお仕事だとも思います。

購入者様の手元に商品が届いた時に、商品がキレイなのはもちろんですが、商品の梱包などもキレイであれば、より喜んでもらえます。それがこうじて、私自身の評価が上がることで、アカウントの信頼度アップにもつながります。

ですから梱包は常に丁寧に、を心がけていますし、商品には直筆で「ありがとうございました」の一言を添えています。すると、「お手紙が嬉しかったです。ありがとうございました」と評価をいただいたりもします。

そして何よりも、「写真通りのキレイな商品で大満足です」という言葉がいちばんのほめ言葉で、それをもらうと最高に嬉しく、この仕事をしていて良かったと思います。

ハイブランドを扱うからこそ儲かる

もし、この仕事を始めようか迷っている人がこの本を手にして、知識がない高級品を扱うことが怖いとか、本当に売れるのかという不安があるのであれば、それに関しては、まったく心配は要らないと思います。

ハイブランドの知識は、仕事をしていくうちに自然に身に付きます。私も実はそんなにハイブランドが好きなタイプではありません。20代をバブル時代の中で過ごしたので、多少は高級ブランド品を持っていましたが、まったく興味はありませんでした。

ですから、最初は大丈夫かなという不安はありましたが、自分で調べたり、コミュニティーや松浦さんに聞くうちに、いつの間にか必要な知識が身に付いていきました。

高級品を仕入れるので、仕入れ額も高くなり、躊躇するとは思いますが、高級品を扱うから利益が大きく取れるのです。100円の本を買って、300円で売っても利益はたかが知れています。

稼ぎたいのであれば、高級品を扱うのがいちばんの近道です。

これは百貨店時代に実感したことですが、中途半端な金額のブランド品がいちばん売れません。百貨店がつぶれないのは、ハイブランドを取り扱うことで、利益が大きく取れているからです。

ネットでものを売るスキルは財産になる

また、この仕事をやっていて良かったと思うのは、ネットでものを売るスキルが付くことです。百貨店では対面スキルが必要とされますが、ネットでは、写真と文章がすべてです。

写真のセンスがなくて、文章に自信がなくても、やっていくうちに慣れてきて、ネットでものを売るというスキルが身に付きます。しかも中古品を売るのは、新品未使用を売るのとはわけが違うぐらい難しいですが、それができればすごく自分の財産になると思います。

それに、万が一、どうしても売れなければ、松浦さんに相談し、返品を受けてもらえる仕組みもあります。普通ならあり得ない取り引きですが、販売を初めてする人にとっては、とても安心できるのではないでしょうか。つまり、この仕事をやり続ければ、絶対マイナスにはならないということです。

物販は、在庫を抱えるリスクがいちばん高いのですが、そのリスクがMUチュウにないのは、すごく代理店側のメリットだと思います。

私の友人でも、時給1000円で1日5時間週5日働いて、1カ月10万円ぐらいしかもらっていない人も多いです。それを考えたら、この仕事は、とても割に合うと思います。

今、私の後輩で、この仕事に興味があって手伝ってみたい、という人がいるので、出品を代行してもらうなどして、この代理店業務を拡大していけたらいいなと考えています。

POINT

- 家族の介護をしながらでも生活費は十分に稼げる。
- ちょっとしたことで諦めないで、学びながら進んでいくことが大切。
- ネットでの販売は文章が命。文面には相当気を遣って。

PART4

プラスの愛の連鎖が生まれるメンバーに囲まれて

～Angelさん（45歳女性）の場合

●Profile
出身地：愛知県　居住地：愛知県　最終学歴：大卒
家族構成：夫・子ども1人（小学校低学年）　代理店歴：5カ月

「愛」のある仕事を探して

実は、小さい頃から霊感があり、幼い頃から目には見えないものの声を聞いたり存在を感じたりするなど不思議な体験をしてきました。そして去年のある日、その目に見えない存在、「高次」の存在とも言えるものから、「仕事をしなさい」と言われたのです。

「高次」の存在とは、スピリチュアルの世界でもよく聞く言葉ですが、私たちが住んでいるこの地球上の3次元の世界より上の高い次元、つまり高次元に存在している聖者の方々を高次の存在と言います。

高次からの導きは、どんなことにおいても「愛」を基にしたことから派生していきます。ですので、私は、それを受けて「愛」の視点から仕事を探しました。

高校時代から学習塾や家庭教師のアルバイトなどをして、教える仕事に携わり、現在も学習塾で子どもたちに勉強を教えていますが、その時点での仕事は週2日で、1日1~2時間ほど。仕事を増やしていこうと思っていた矢先のことでした。

しかし、今の教育関係の仕事は、子どもがいるので、夜遅くまで働くことができません。これ以上コマ数は増やせないので、教育関係の仕事は無理だと思っていました。

教育関係の仕事意外でも、趣味で描いている絵を販売したこともありますが、どうもしっくりきません。そこで、他のジャンルで、在宅でできるものを探していたところ、主婦向けの求人サイトでこの仕事を見つけました。

「物販なんて絶対イヤ！」と思っていたけれど

以前は、「物販は絶対にイヤ！」と敬遠していたのですが、ちょうどその頃、友人から、物販の話を聞かされていて、興味を持ち始めたところでした。彼女は、中国から商品を仕入れ、それを販売するところまでを一貫して自分で行っています。

そこで、彼女のところで仕事を手伝う話をしていたタイミングだったのです。

しかし、手伝う分には構いませんが、独立したら仕入れや目利きもすべてやらないといけないのは、負担が大きすぎて大変だなと感じていました。


このお仕事は、初期費用がかかるので、正直ためらいはありましたが、友人に物販の話を聞かされていたタイミングだったことが功を奏し、抵抗はほぼありませんでした。

この仕事は、品物を自分で選ばなくていいことに魅力を感じ、返品が可能なところに「愛」を感じたのです。後は、時間が自由に使えるのもポイントでした。

やり方が分かるまでは少し大変かも

幸い、始めて数カ月で仕入れ金額の元は取れてしまい、トントン拍子で売れていきました。

絵を描くことが好きなこともあって、リペアなどの手仕事は、楽しいことは楽しいですが、やり方が分かるまでは少し大変かなと感じています。自己流で色塗りをしたら、失敗してしまい、何回もやり直したことも。

リペアの方法についての動画がホームページにありますが、始めたばかりの私には分からないことばかりで、松浦さんに直接聞いたりしています。

写真撮りのコツや勘をつかむまでも、時間がかかりました。

他の地方にはグループがあるようですので、愛知県でもコミュニティーを作り、勉強会などできるようにしていきたいと思っています。

そして、ゆくゆくは代行希望の方がいれば、販売部分はお願いして、業務を広げていこうと思っています。

やればやるだけ成果が出るのが魅力

面接をしてくれた女性スタッフの方は、月100万円稼いでいるとのこと。このお仕事は、やればやっただけ成果が出てくるのが魅力です。

私自身、初めの1カ月目で6個販売して、10万円の売り上げがありました。初心者でも可能性がある証拠です。

このままいけば、初期投資も回収できると思いますし、物づくりが好きな自分には合っていると感じました。仕事も面白いので長く続けていきたいと思っています。

先にもお伝えしましたが、高次の存在からの導きは、どんなことにおいても「愛」を基にしたことから派生していきます。

この5カ月間を通して感じていることは、この仕事は、皆が皆で豊かになっていける、プラスの連鎖で成していける分野であり、グループであると思っています。

まさに私が求めていた「愛」のある仕事です。

愛知県にも愛の輪を広げていきたいと思います。

POINT

・物販が苦手でも抵抗なく始められる。
・コツや勘をつかむまで時間がかかるけれど、楽しむことが大切。
・みんなで教えあって、みんなで豊かになっていける仕事。

PART 5

副業ジプシーの私が、ようやく巡り会えた仕事

～R・Fさん（30代女性）の場合

Profile

出身地：関西　居住地：関東　最終学歴：大卒
家族構成：独身　代理店歴：-年

両親の離婚で、女性も稼ぐ必要性を感じた

大学卒業後、事務の仕事を3年した後、別会社に転職。30歳の時に人員不足から東京支社に異動になりました。

会社には、副業NGという規則はないので、これまでずっと会社員と並行して土日にアルバイトなどをして貯金もしてきました。

というのも、実は、私の母は21歳の時に父と結婚し、50歳で離婚をしたのですが、地元の土地柄なのか、「夫は仕事、妻は家を守る」という風潮が強く、専業主婦の期

間も長かったので、離婚をしたら社会制度も何も分からない。しかも貯金もしてこなかったので、「私、どうしましょう」みたいな状態になってしまったのです。

その母を20代の初めに目の当たりにして、「ちょっと待ってよ。私も、母みたいな人生をたどることになったら困るな」と思い、若いうちから貯金をできるだけしておこうと思って、会社勤めのかたわら副業をしてきました。

副業ではけっこう痛い目にも遭ってきた

そのような理由で、22歳、新卒の時から土日にアルバイトをしたり、物販などのネットビジネスにも手を出したのですが、そういった中で、実は、けっこう痛い目にも遭ってきました。

ＦＸスクールに２００万円を払ったものの全然利益が出なかったり、投資目的で不動産を買ったり。不動産は、購入したものの全然借り手が見つからず、はっきり言って、騙されたのだと思います。

この仕事を始める直前にしていたネットでのハイブランド物販は、過去に手を出したネットワークビジネスで知り合った人が経営していて、ハイブランド品の写真だけが送られてきます。しかも、運営側のミスなのか、送ってくる商品の写真と商品名が明らかに違うのです。そしてその状態で品物をネット上で売れと言うのです。

写真は不明瞭、もちろんその商品を直に見ることもできませんし、リペアすることもできません。売れたら運営側が発送するのですが、最終的に悪い評価が付くのは自分です。

要は情報商材と商品の写真を高いお金で買わされて、「これを売ったら儲かりますよ」という詐欺同然の商売だったのです。すぐにおかしいと気が付き、辞めましたが、それでも10万円を払ったので高い勉強料となりました。

実物が手元にあるから安心できる

とはいえ、物販自体には抵抗がなかったので、ちゃんと運営しているところを探そうと思って、ネットで「物販　副業」などのキーワードで検索をした時に、インディード経由でこの仕事の募集広告を見つけたのです。

即金性や再現性の高い物販で、利益率の良いものを探していたので、もっと詳しい話が知りたいと思って面接に行きました。

実際、面接を受けて仕事内容を聞くと、実物が手元にあって、自分でリペアもできて、商品撮影もできる、しかもリペアの方法も教えてもらえるということでした。これは直前にやっていた物販のようなオンラインのやり取りだけではない、信用できる内容だということが分かり、「すぐにでもやりたい！」という気持ちになりました。

直前にやっていた物販がひどすぎたのもあったのかもしれません。

初月は毎日のように通って教えを乞うくらいでいい

松浦さんのところの、最初にお試しで出品するというこのチャレンジテストのシステムは、良い制度だとは思いますが、すぐにでもビジネスを始めたい私には、このテストは壁でした。

1週間で財布を売らなければならないのですが、なかなか売れません。「次の土日で商品が売れなかったら、この仕事ができない」と思って、松浦さんに直接会いに行ってアドバイスをもらいました。

結局、商品の表面が光って見えるよう、「クリームを塗って写真を撮りなさい」と教えてもらい、金額を下げたら一瞬で売れました。

また、面談の時に、「最初の1カ月の間に20回、松浦さんのところにリペアのやり方などの質問をしに来た人は、契約金を1カ月で回収した」という話を聞きました。私はそれを真に受けて、コロコロ付きのキャリーケースにリペア道具を全部入れて、松浦さんのところに仕事帰りに通うようにしました。

松浦さんは、いつもニコニコして感じがいいのですが、その一方ですごいギラギラしているおじさんだなという印象もあったので（笑）、この人、大丈夫かなとは思いましたが、実際には、本当に親身になって教えてくれました。

毎日のように通っていたので、私のことを、うっとうしいと思っていたと思いますが、リペア以外に、写真の撮り方などいろいろなことも教えてくれました。写真撮影は、これで売却金額が決まると言っても過言ではないというほど、重要な作業です。

3月に面接をしてもらい、4月と5月は、コロコロを引いて月に15日ぐらいは、松浦さんに会いに行きました。

4月に初期費用を全部回収するために、本当は月に20日は行こうと思っていたのですが、通い始めてすぐ、会社規定のパンプスのヒールが原因で腱炎になってしまいました。足が痛くて、会社への通勤はもちろん、1週間ぐらい家から出られなくなってしまい……。

結局、1カ月で回収はできなかったのですが、そのけががなく、ちゃんと20日通っていたら、1カ月で回収できたのにと、今でも思っています。

松浦さんが「会いに来ていい、自分を利用していい」と言ってくださり、当時は「とにかく行こう」と行動することしか考えていませんでしたが、今考えると、私が成功できたのは、ここに理由があったと思います。いちばん利益を出していた人に付いて回り、教えを乞うのですから、当然です。関東圏で始める方は「なるべく会いに行くこと」をお薦めします。

何よりも真剣にこのビジネスに取り組む月を作ってみる

実際に仕事を始めてみると、あっという間に10万円稼げることに驚きました。初期費用は、無事2カ月目に回収することができました。

このビジネスを振り返ってみると、やはり初月に足をけがして動けなくなった1週間がいちばん困りました。その時は、やる気はあるとアピールをするために、松浦さんに日報も送っていました（日報を書くのは自由です（笑））。

けがが治ってからはコンスタントに仕事をし、月収は50万円程度で安定しています。最高月収が150万円を超えた月も何度かありました。

入ってすぐは、基本を理解するために2、3カ月間くらいの時間が必要だと思いますが、その後、1カ月間くらいを目安に、何よりも真剣に、このビジネスに取り組む月間を作ってみるといいと思います。そうすれば、このビジネスが本物だとすぐに分かるでしょう。現在、私は毎月最低50万円稼ぐのを目標としています。

素人でも練習すればできるようになる

私は、以前から時間にも場所にも縛られない働き方に憧れがありました。1カ月のうち2週間は関西、2週間は関東にいるというのが今の私の理想の生活です。

関西の実家に高齢の飼い猫をずっと預けてしまっているので、猫と遊んだり、地元の友達に会ったりしたいです。一方、東京では、松浦さんに仕事で教わりたいことも、まだまだたくさんあります。

正直、このビジネスに出会うまで、競合の多い物販を年単位で続けられると思っていませんでした。また、写真のセンスもリペアのセンスもずば抜けていないのに、よくここまで続けてこられたなと自分でも思っています。

これまで物販の副業で1年続けられたことがない私が続けられたのは、仕事自体が素人でも練習すればできることだし、売れなかったら商品の返品もできるし、利益率が高いからだと思います。

それに写真撮影は大変ですが、慣れるとリペアが楽しくなってきて、商品が売れた時は、とても嬉しいのです。

また、この仕事はすべてが自分次第なところも、勢いや行動力だけはあった私の性格にすごくあっていたと思います。

自分に投資して自分で稼いだ方が、よっぽど利回りがいい

また、MUチュウは、質の高い商品や情報が手に入るし、プロに教えてもらうの

で時間を短縮できます。利益を受け取るために、最初に対価を差し出すのは、私には当然だと思えます。

サラリーマンになっても、組織の歯車になることを教わるだけですが、こうやって自己投資して自分でビジネスをしていると社長になれるようなことを教わります。

そもそも私は、お金を稼ぐための方法の情報を、お金を払ってプロの人から得ることに、あまり抵抗がありません。なぜなら、情報の質が無料とは全然違うからです。

私はＦＸ投資も続けていますが、ＦＸに投資をするより、自分に投資して自分で稼いだ方が、よっぽど利回りがいいと思っています。

現在は、物販、ＦＸ、ユーチューブ関連、会社員などで稼いでいますが、そろそろ会社員を辞めようか検討中です。もちろん、この物販を真剣にやれば、十分な収入を得られることが分かっていますが、リスク分散のために、いろいろなことにチャレンジし続けようと思っています。

今は運営側にも回る立場に

これまで、アフィリエイト、ブログ、不動産投資、株式投資、公社債、ＦＸ、ＢＯ、投資信託、ネットワークビジネス、アマゾン物販、バイマ、中国輸入、無在庫転売、ヤフオク・フリマアプリでの転売、せどり、ネットショップの運営など、ありとあらゆる副業をしてきました。本当に副業ジプシーでノウハウコレクターだったと思います。

休日には、コミュニティーに入ったり、スクールに入ったり、セミナーに行ったり。さすがに危ない目には遭ったことはありませんが、宗教のように信者みたいな人ばかりのところに行ってしまったこともありました。

ようやく、稼げる副業に出会えて、今では、代理店を募集する媒体&コミュニティー「ROSE　FAIRY」も運営するようになりました。「ROSE　FAIRY」は、私が副業の確定申告をする時などに使っていた屋号です。

「MUチュウ」は松浦さんが社長ですが、「入り口として女性が社長の会社があれば、応募しやすいという人が出てくるのでは。SNSも活用しよう」ということで、松浦さんとも相談して、この代理店を募集する媒体&コミュニティーを始めることにしたのです。

媒体への掲載料が70万円かかりますが、自分で媒体&コミュニティーを運営しても勝算があると踏んだのです。

ROSE　FAIRYの会員のみなさまには全員とお会いしているのもあり、気づけば、アットホームな雰囲気で、落ち着くグループに成長していました。メンバーさんには、ちゃっかり、お仕事の依頼もしています。

私は、ハイブランド品がなくならない限り、このビジネスを辞めないつもりですし、これからは、自分の売り上げは今まで同様、安定させつつ、昔の私のように、副業探しで困っている人や、迷っている人をお手伝いできればいいと考えています。

POINT

- 最初はなるべく対面でノウハウを教えてもらうことが重要。
- 1カ月くらい、何よりも真剣に取り組む月を作るのもお薦め。
- ハイブランド品がなくならない限り、このビジネスは辞めない！

Part 6

コミュニティーのあたたかさに感動

～モリヤマサトコさん（36歳女性）の場合

●Profile

出身地：－　居住地：－　最終学歴：専門学校卒
家族構成：夫・子ども2人（6歳女児、4歳男児）　代理店歴：10カ月

夫の転職で収入減、藁をもつかむ思いで副業探し

私は会計系の専門学校を卒業して、会計事務所に就職したのち、出産を機にそこを退職しました。その後、最初は復職も考えたのですが、繁忙期は帰宅時間も遅くなるので、子どもがまだ小さい今は、フルタイムでの勤務は厳しいかなと思い、自宅でできる副業を探すようになりました。

仕事を辞めてすぐの頃には、FXをやっていたこともありました。でも、朝も昼も夜もチャートが気になって、ほぼかじりつき状態になってしまい、寝る時間帯も

チャートが動き出したら気になって、ほぼ一晩中寝られなくなったことも……。

月10万円ぐらい稼げた時もありましたが、一気に下がると10万円損失をして、あっという間にチャラになるので、結局、疲れ果ててしまい、やめました。本当に、本当に！　疲れました（笑）。

他には、子ども服の販売で、中国や韓国から仕入れをして販売していた時期もありました。ところが、船便だと商品到着まで数週間かかることも多く季節がずれてしまったり、縫製が荒かったり、サイズ感がバラバラだったり……。

同じ商品でも、サイズが違うと生地が違ったりすることもあり、日本の感覚では信じられない商品ばかりで、2～3回仕入れて断念してしまいました。

そんな中、夫が転職に失敗し、収入が半分くらいに減ってしまいました。

もともとは夫の収入だけで暮らせるくらいの収入があったので、本当は子どもが小学校に行って、少し手が離れるぐらいまでは家にいるつもりだったんです。でも、そうは言っていられないわけにいかない状況になり、知り合いが行っているマッサージ店の仕事を手伝ったりするようになりました。

しかし、やはり家を空けるのは大変で、自宅でできる仕事がないかずっと探していた時に、この仕事に出会いました。

おいしい話すぎて、裏があるのではないかと3カ月悩んだ

私は、以前からフリマアプリに私物等を出品していて、1000件以上の取り引きがありました。コツコツと細かい作業がわりと得意なのです。

なので、ウェブサイトでMUチュウの求人を見た時は、「どんな仕事なんだろう?」とすごく気になって、すぐに連絡をしてみました。そして代表の松浦さんと面

接をしたのですが、代理店契約をする時に初期費用が必要とのことだったので、これで騙されたらどうしようという心配もありました。

松浦さんは、とても感じのいい方で、契約後もちゃんとフォローしてくれるということで、逆においしい話には裏があるのではないかと疑ってしまったのです。

実は以前、20歳ぐらいの時ですが、テープ起こしの在宅の仕事をしようと申し込み、研修費用として5万円の教材を買わされたことがあります。ノートやリスニングテープなどが送られてきて、自分で勉強するという教材でしたが、その後も仕事を紹介してくれることもなく、結局、教材の5万円が赤字となりました。

そんな経験もあり、また、ちょうど夫も転職を繰り返し、貯金を切り崩して生活をしていたので、初期費用を融通するのも厳しく、躊躇したのです。

結局、3カ月ぐらい迷いました。

でも、現状のままでも給料が上がるわけではないし、何か一歩踏み出さなければ生活は変わらないと思い、騙されてもいいやという気持ちで、もう一度連絡をして、やることにしました。

たくさんスカイプ勉強会に参加をしている人ほど成果が出ている

初期費用を払った後、実際に商品とリペアの道具が届くまでは不安でしたが、本当にそれらの品物が届いたので、「あ、本当に届いた！」と安心しました。スカイプ勉強会にも参加し、「こんなに丁寧に教えてくれるんだ」と、さらに安心しました。

とはいえ最初は、商品を見ても、まず何から手を付けていいか分からない状態でした。素人目ではけっこうキレイな商品なのですが、よくよく見ると傷もあります。その傷はなんとかできるものなのか、できないものかの判断もできなかったので、まずそこから勉強でした。

傷がある場合は、商品説明では傷があることを書きますが、写真では傷が悪目立ちしないように撮るよう気を遣ったりしました。

もっとも、最初に送られてきた商品には、リペアがすごく必要なものはあまり入ってなかったので、比較的すぐに出品することができました。


初めて売れた時は、「あ！ 売れた」と感動しましたが、始めの数カ月はリペアのやり方を覚えるのに時間がかかったり、マッサージのバイトも続けていたので、時間のやりくりが大変でした。

マッサージの仕事は、夫が帰ってきた後に子どもの世話を交代する形で、夜から仕事に行っていたので、リペアをする時間や勉強する時間があまりなかったのです。

最初の半年ぐらいは、自分の隙間時間に分からないことをコミュニティーに質問したり、他の人が質問している答えを聞いて勉強をしたり、本当に空いている時間に片手間にやっている感じでした。

しかし、半年ぐらい経って、たくさんスカイプ勉強会に参加をしている人ほど成果が出ているというのを松浦さんからうかがい、自宅にいながら視聴のみの参加でもいいスカイプ勉強会にも参加するようにしました。そこからは少しずつ知識も増え、自分の中でも「ここはこうした方がいいな」といったような改善点が見つかったりして、いろいろと工夫していく中で商品も以前より、かなり売れるようになりました。

コミュニティーがほとんど女性という安心感

現在もマッサージのアルバイトは続けていて、夫が早く帰って来る日の夜に働いています。お店は10時までですが、事務作業があるので11時ぐらいまで仕事をしています。

ただ、こちらの仕事が少しずつ成果が出てきているので、徐々にこちらを中心にする仕事のやり方にシフトしていきたいなと思っています。

実際、このお仕事をして、コミュニティーがすごくあたたかいのに驚きました。親切と言うか、助け合いの精神にあふれていて、少しでも分からないことを質問したら、1行の質問に対しても10行ぐらい丁寧に詳しく答えが返ってくるほど、皆さんが親切なのです。

人間は、欲が出ると自分で利益を独占しがちですが、松浦さんがおっしゃっていた「みんなで儲けましょう」という感じが、そのままコミュニティーの雰囲気になっていると思いますし、ほとんど女性ということもあり安心感もあります。

また、このお仕事は、取り組めば取り組むほど成果が見えるのが早い気がします。目標金額は、今のところ月50万円の利益です。これまでの最高は、ゴールデンウィーク前後の38万円でした。コロナで自粛中のゴールデンウィークだったこともあり、売れやすい時期というのもあったかもしれません。

初期費用も、コツコツ返済をして、本当にすぐに元を取ることができました。

物販の仕事は以前からやっていて慣れていたので、写真を撮って文章を書いてサイトにアップをして、お客様とやり取りをして発送、という一連の作業は、特に抵抗なくスムーズに進めていくことができました。

とはいえ、より売れるための写真の撮り方や文章の書き方などは、スカイプ勉強会やコミュニティーで相談したり、日々勉強中ですが、楽しみながら取り組んでいます。

最初の頃いちばん大変だったのはリペアの加減ですが、それもだいぶ慣れてきました。リペアに関しては、もともと細かい作業が好きで、子どもの髪飾りなどでも、お店で見た時に、「あ、これなら作れるかも」と自分で作ってみたり、ものが壊れた時にも自分で考えて直したりしていたので、性格的にも向いていたのだと思います。

難しいのはモチベーション維持と価格設定

今、この仕事をしていく上でいちばん大変だと思うのは、モチベーションの維持です。

出品しても、すぐに商品が売れないと、モチベーションも下がります。しかし、その反対に、出した商品がすぐに売れたり、勉強会に参加して、「○○さんは、いくらで仕入れたのがいくらで売れたらしいですよ」というのを聞くと、「私も頑張るぞ！」という気になります。

今後の課題は、値段の付け方です。これは、本当に難しいです。最初は薄利多売でどんどん売った方がいいと言われるのですが、市場調査をして、相場が分かってくると、下げずに売りたいと思う部分もあります。下げたくないけど、売れ残るのも困るし……、と価格調整がなかなかうまくいきません。

写真の撮り方やリペアなどは、技術的なことなので、努力をしたり数をこなすうちに少しずつ上達していくと思いますが、価格設定は、薄利多売か、値段を下げずに売りたいのか、気持ち的な部分が多いので、自分の感情のコントロールが難しいです。

これまで、いろいろと副業をやってきましたが、ここまで手厚いフォロー体制がある会社は、他にはなかなかないと思います。スカイプ勉強会を週に5回以上開催するなんて、やりすぎだと思います（笑）。

でも、「一緒に頑張りましょう」と言ってくれるコミュニティーの存在は、本当に心強いです。

最初、面談の話をした時に「詐欺じゃないの？」と言っていた夫も、実際に売れて収入になっているのを見て、「俺も出品しようかな」と興味が出てきたようです（笑）。

ぜひ、このお仕事をしようかどうか迷っている人は、騙されたと思って挑戦してみてください！　できるかできないかの結果は、絶対に「あなた次第」です！

POINT

- 心配なら、始める前に納得できるまで悩んだってＯＫ！
- 勉強すればするほど成果も上がる。
- モチベーションの維持と値段設定の際の感情のコントロールが大切。

PART 7

80万円の副業詐欺で、この仕事の良さを再確認

～ゆかさん（41歳女性）の場合

●Profile

出身地：東京都　居住地　東京都　最終学歴：専門学校卒
家族構成：夫・子ども2人（小6女児、6カ月女児）　代理店歴：2年

夫の家出がきっかけで副業探し

専門学校を卒業後、ずっとピアノ講師をしていました。子どもが3歳の時に離婚をしたのですが、その時も私と娘は実家に戻り、両親に娘の面倒を見てもらいながらピアノ講師を続けていました。それが、2年前に再婚をしたのをきっかけに実家を出て、子どもを預けて外出する仕事をするのが難しくなり、ピアノ講師は辞めてしまいました。

この仕事をしようと思ったのは、再婚相手の家出がきっかけです。夫は私より1歳上で初婚でした。結局、夫は家出をして5日間で戻ってきたのですが、その間に、

収入が途絶えた時のことを考え、家でできる仕事をネットで探したのです。

それまで副業をしたことがなく、在宅でできる仕事もいろいろあるということも知りませんでした。この仕事を見つけたのは、ママ専用の求人サイトですが、家でできて収入も高そうと、とても興味を持ち、すぐに面接に行きました。

「ブランド物についても全然詳しくないから大丈夫だろうか」「お仕事自体も若干怪しいのかな?」と不安に思いつつも松浦さんに会いに行ったところ、松浦さんは予想通りの怪しいギラギラの雰囲気の人でした（笑）。

ただ、ちょうどその面接時に、別の代理店の方が、すごい量の商品を仕入れに来たのです。それを見て、詐欺ではなく、本当に仕事をしている人がいるんだと思い、少し安心しました。

そして、チャレンジテストをして1点売れたら登録ができると言うので、試しにやってみようと思ったのです。当時は、登録時に初期費用を支払う仕組みだったのですが、チャレンジテストに関しての心理的ハードルはありませんでした。初期投資も、儲かるなら払ってもいいという気持ちでした。

私は、いつも行動が先走って後悔するタイプなので、深く悩んだりすることもなく、このお仕事にも飛び込んでいけたのだと思います。実際、始めてみるとブランド品が次々と売れるので、パートで働くよりもすぐにいい収入を得られるようになりました。

副業詐欺に遭い、消費者センターに

その後、2人目の妊娠が分かり、子どもの教育資金も必要になるし、しばらくは外に働きに出られないので、他の在宅ワークもしようと思って探して始めたところ、これが大失敗。見事に詐欺にあってしまいました。

その副業は、やはり物販の仕事だったので、物販ならこの仕事で経験があるし、やってみようと思い話を聞いてみたのですが、最初の説明では、仕事の内容はあまり教えてくれませんでした。

でも、1日30分の仕事で、初期費用80万円を払えば、売り上げは240万円を見込めると言うのです。そこで登録したのですが、最初の登録時だけ、すごく手厚くて、登録後はほとんど放置。完全にこれは詐欺だと気が付いて、すぐに消費者センターに行きました。

支払ったクレジットカードは、すぐ消費者センターの方が止めてくださりましたが、80万円の借金は残ったまま。

その後、私がその副業にお金を払った経緯、会話や、やり取りしたメールなどをA4用紙で8枚ぐらいに詳しく書いたものを消費者センターに持っていきました。そして、消費者センターの人がクレジット会社とも交渉してくれました。

最終的には、情報を知ったクレジット会社の人が、状況を理解して、払い戻しを決めてくれ、無事全額返済をしてもらえました。

完璧なリペアはできなくても、値付け次第で商品は売れる

その後、妊娠中に高血圧症になったり、高齢出産ということもあり、出産前後は大事を取っていましたが、産後3～4カ月して、少し余裕も出てきたので、また最近、このお仕事を始めています。

今までの時点で、トータルで1年ぐらいこの仕事をしていますが、本当に商品が次々と売れていくので、正直、驚いています。

そこまで大儲けしようとは思っていないので、値段設定を高くはしていないせいもあるのか、商品がすぐに回転していく感じです。

値段付けも、フリマアプリで同じ商品を検索すれば、すぐに出てくるので、その

商品を見比べて、ここはこっちの方がキレイだからもう少し高くしよう、ぐらいの設定です。

同じこのお仕事をやっている人でも、すごい人はリペアを完璧にして、もっと利益をのせて売っている人もいます。しかし、私は赤ちゃんもいるので、寝ている間や、家事の合間にリペアをしています。

ですから、リペアもあまり根を詰めたり、苦になることはやらずに、その分値段を下げて出品しています。

本当にプロ級の人は、全部剥がして縫い直したりしていますが、今の私は、そこまで時間も取れないし、自分でリペアをして売れない商品になってしまうのも本末転倒なので、リペアをしすぎて失敗しないように気を付けています。

小さな目標を作ってモチベーションをキープ

ですので、気合を入れてリペアをして、絶対に返品しない覚悟でやるのは、もう少し子どもが大きくなって時間が取れるようになってからでもいいかなと思っています。

松浦さんも、「自分の状況に合わせてでいいから」と、おおらかに見守ってくださるので、とても安心感があります。

これまでの最高月収は月30万円ですが、私はまだ子どもが小さいので月10万円ぐらい稼げればいいと思っています。ですので、月の販売個数は、すごく少ない方だと思います。

それでも時給換算をすれば、パートをするよりも全然稼げるので、外に出て働きに行くよりもいいと思っています。この仕事だけで食べていこうと思ったら、もっとリペアをして販売個数を増やさなければいけないので大変だと思いますが、私のようなパート感覚で主婦がやる仕事としては、すごく楽だと思います。

このお仕事は、やればやるほど儲かるし、自分の努力次第で収入が変わるところがすごくいいところです。

コミュニティーで、いろんな技術を聞きあったり、共有してもらえる部分もたくさんあるので、孤独でないのも続けられるポイントだと思います。

ただ、毎日商品をアップしようとなると、今日は赤ちゃんが泣きすぎて作業ができなかったとか、上の子の相手をしていて時間がないとか、なかなかアップできずにモチベーションが下がってしまうこともあります。

そこで、「今日は赤い色だけを磨こう」とか、「今日は写真だけ撮ろう」というように、小さな目標を作って仕事をするようにしています。

慣れてチェックがおろそかになることには注意

このお仕事は、面倒くさくなってしまうと、それなりにしか稼げません。やればやるほど稼げますが、ちょっとでも抜けがあると、すぐクレームにつながります。カード入れのところに髪の毛が1本入っていたとか、中古なので前の持ち主の小さいお守りが入っていることもあります。そういったところも見逃さずに丁寧にのぞいてキレイにすることが大切です。

慣れてくると、「ああ、これはキレイだから大丈夫かな」と、チェックがおろそかになりがちなので、そうはならずに、いつでも注意深く丁寧に仕事ができる人なら、この仕事は向いていると思います。

一見、誰にでもできそうな仕事ですが、誰にでもできない仕事でもあると思います。リペアをして、写真を撮って、文章を考えて、値段を付けて、売れなかったら値段を下げて……。買ってくれた方とのやり取りをして、梱包をして発送と、作業自体は簡単ですが、やることがけっこうたくさんあります。ですから、すぐ横着したがる人には向いていません。

ただ、自分の努力次第でどんどん儲かるので、稼ぎたいと思っている人にはぜひチャレンジしてほしいお仕事です。私も、マイペースですがこれからも続けていきたいと思っています。

POINT

- リペアを完璧にしようと思わず、値段を下げて売る方法もある。
- モチベーションをキープするには、毎日、小さな目標を作るのもお薦め。
- 自分の状況に合わせて、マイペースに続けていけばいい。

PART 8

60代の「フリマアプリ」すら知らなかった私が月収150万円

～恭子さん（60代女性）の場合

Profile

出身地：広島県　居住地：東京都　最終学歴：専門学校卒
家族構成：夫・子ども2人（24歳男性、27歳男性）　代理店歴：2年

美容師から保険営業、起業まで経験した現役時代

私はこれまで、いろいろな仕事をしてきました。

まず最初は、美容系の専門学校を卒業後、美容院に勤めています。そこでは、かなり上のランクの美容師にまでなりましたが、体調を崩してしまい現場から離れ、その美容院を経営する会社で、社長秘書をしながら企画などの仕事もするようになりました。

そこで13年間勤めた後、結婚して出産をする前後に、友人が経営する車の販売会社に経理として転職。そこには7年くらい勤めましたが、通勤に車で1時間ぐらい

かかり、なかなか子どもとの時間を作ることができないので、保険会社の営業に転職をしました。

保険会社の仕事は10年ぐらい続きましたが、いろいろなお客様に出会う中で他のビジネスにも誘われて、営業のかたわら、その誘われたビジネスもやっていました。どんな仕事も、やり始めると頑張るタイプなので、貯金もだいぶ貯めることができました。

そこで、保険会社を辞めて自分で起業をしました。それは、磁力や風力の発電機の開発をする会社で、顧客の方から出資を集めていたのですが、発明者の方が亡くなり、そこで研究はストップ。1000万円の赤字となりました。

その後、大人用の介護おむつ関連の商品で、大や小を感知するという商品開発の投資に300万円払いましたが、これも結局回収ができずトータル1300万円の赤字となりました。これらを埋め合わせるために、これまで貯めていた貯金もほぼなくなってしまいました。

その後、昔の友人が、自分で健康食品の会社を立ち上げると言うので、その手伝いをして、販売の仕事をしていました。会社は軌道に乗り、私は55歳で仕事を辞めて自由な生活をしたかったのですが、少し長引き、59歳で仕事を辞めました。それが3年前のことです。

退職後は、自分の都合の良い時間に働きたいと思い、ちょうど私の妹がヤマトのメール便の仕事をしていたので、私も近所のヤマトでメール便を配るアルバイトを始めました。基本的に毎日、自分の空き時間にポスティングをしています。

バイクが結んだ松浦さんとの縁

そんな中、このお仕事に出会ったのは、バイクがきっかけです。

まだ健康食品の会社に勤めていた頃ですが、上の息子がバイクの免許を取ったので、バイクを買ってあげました。そのバイクが家にあるので、私もバイクの免許を取れば乗れると思い、下の子がバイクの免許を取る時に、私も一緒に教習所に行き、バイクの免許を取ったのです。

そして下の子にもバイクを買ってあげようと、バイクを探している時に、たまたま前を通りかかったバイク屋さんに「かっこいいバイクがあるな」と思って、「こんにちは」とに入っていったら、そこが松浦さんが働いていたお店だった。これが、松浦さんとの出会いです。

その後、松浦さんは異動になり、直接会ったり話したりする機会はなくなりましたが、風の便りで松浦さんが副業で稼いでいるらしいと聞き、その時は「そうなんだ」ぐらいの感覚でした。

しかし、しばらくして松浦さんが以前働いていた職場に戻ってきたので、ご挨拶に行ってみたのです。いろいろと懐かしい話をしている中で、松浦さんの副業の話にもなりました。

ちょうどその時は、私も健康食品の会社を辞めて数カ月経ち、自由な時間で何かをやりたいなと思っていた時期でした。そんなタイミングで、松浦さんに「こんなことをしている」と話を聞いて、それなら私もできそうだと思って、「もうちょっと詳しく教えてほしい」と言ったのです。

「やらない方がいい」と断られ、息子と二人三脚で仕事をスタート

でも、その時、なかなか松浦さんは話したがりませんでした。

それでも、しつこく聞きだそうとしたら、「普通の方と同じく求人サイトから応募してください」と言われ、夜に喫茶店で面談を受けることに。

そこでようやく詳しい話を聞けたのですが、困ったことに、私にはさっぱり理解できませんでした。「フリマアプリは」と言われても、「フリマアプリって何?」とい

うところから始まります。きっと松浦さんもその辺が面倒くさくて、なかなか話してくれなかったのだと思います。

ずばり「恭子さんは、やらない方がいいよ」とも言われました。フリマアプリも知らないような人には無理だと思ったのだと思います。「本当にやりたいなら、販売は息子さんにお願いした方がいい。本気なら息子さんと一緒にまた来て」とも言われました。

しかし、フリマアプリは知らなくても、仕事の流れはだいたい理解できました。ならば、息子は学生だし、まだ若いので、売る方を息子に任せて、私はリペアをすればいい。そういった手作業は昔から好きなので、わりと自信があったのです。

家に帰って下の息子に聞くと、「やってもいいよ」と乗り気だったので、2018年2月に息子と2人で再度話を聞きに行き、翌月の3月にはスタートしました。

教えてもらった通りにやれば、確実に売れる

退職をして無職の身なので、初期費用は、気軽に出せる金額ではありませんでした。とはいえ、まさか学生の息子に払わせるわけにもいきません。

不安がなかったわけではありませんが、普通ビジネスとか物販で、売れなければ返品ができるなんて聞いたことがありませんし、松浦さんは7年以上の付き合いの信頼できる優しすぎるぐらいの人だから、まったく心配はありませんでした。

とはいえ、少なくとも初期投資分は元を取らねばなりません。

売るための品物は、勝手に「はい、どうぞ」と送られてくるのではなく、松浦さんが稼げるノウハウを何回も何回も同じことでも優しく教えてくれます。初期投資は、いわばそのための授業料なのです。

実際、教えてもらわないで勝手にやってしまうと売れませんが、ちゃんと中古品

を売る極意や画像の撮り方、さらにリペア方法を教わって、その通りに商品をアップすれば、確実に売れます。その辺はさすがだと思いました。

そのおかげで、最初の初期費用は、2カ月もかからず返済することができました。

仕事の流れとしては、私がリペアをし、息子が写真を撮ってフリマアプリにアップをし、売れると私が梱包&配送をするというスタイルで、私と息子の2人で、1年ほどで250個売りました。

出品は他の人に任せるという選択肢もある

その間も、ヤマトのメール便配達のアルバイトは続けており、商品が売れるたびにヤマトで発送をするので、周りのバイト仲間から「一体何をしているの?」と聞かれることもしばしば。この仕事の話をすると「やってみたい!」という人が何人か出てきました。

しかし、「初期費用がちょっと……」「リペアは難しそう」「売るだけならできそう」という人も多く、松浦さんに出品の代行だけを頼めるシステムを作らないかという提案をしました。

私自身も、息子に出品の作業をお願いしていましたが、就職活動を始めるようになり、なかなかメールの返信ができなくなってきていたので、他に出品代行ができる人がいればいいなと思っていたのです。

それまでも1個いくらという設定で出品代行制度がありましたが、金額が低かったので、新たに商品の持ち逃げをされないよう保証金を払い、売り上げの10%を代行者がもらえるという制度を松浦さんに作ってもらいました。

新しい出品代行の制度ができてからこの2年間に、何人もの方に出品代行をお願いしてきました。

1人目の出品代行の方が83個、2番目の代行の方が205個、3番目の代行の方が２５０個、私自身も１２０点を販売し、息子と売った１３０個を足すと2年間で約７００個以上を販売しています。ちなみに最高月収は１５０万円です。

出品代行をしてくれるお手伝いの方は、売り上げの10％が収入になるので、少しでも高い値段で売れるように、写真の撮り方や文章を工夫して書いてくれています。

私の場合は、梱包発送は自分で行いたいので、代行の方には商品を渡して、撮影後にまた返してもらっています。自宅に商品の写真を撮りに来ている方もいます。

出品代行をしてくれている方は、基本的には私の知り合いやお友達なので、自宅に撮影にくると、いろいろ楽しくおしゃべりをしながら撮影は真剣に、という感じです。

売れるためには、お客さんとのやり取りが大切

私は、これまでやってきた仕事の中で、営業の経験が長いので、売るための指導

も、出品代行の方には一緒に行っています。

だいたい売るのが下手な人は、やり取りが下手なのです。

商売は、会ったことない人と駆け引きするのですから、釣りと同じです。ですのに、ほとんどの人は、釣り糸に餌を付けて水中に投げて、投げっぱなしなのです。釣り糸から餌が取れていても気が付きません。魚を釣るためには、新しくどんどん餌を投げて、探っていかなければいけないのです。

例えば、金額を上げていけば、だんだん誰も見てくれない状態になります。

売れるためには、この商品がステキだなと「いいね」してもらったり、コメントをしてもらったりと、まずは商品に注目してほしいわけです。そこからさらに買いたいという気持ちにさせるに、おいしい餌を釣り糸に付けたり、釣り竿を上に上げたり、下に下げたり、いろいろ工夫をしなくてはいけません。

値段を下げた場合には、「いいね」をしてくれた人にメッセージが行くので、そこで買っていただける可能性が高くなります。そこでもまたメッセージを送るなど、買ってもらえるための一工夫が必要です。

他にも写真の撮り方や、文面、コメントのやり取りもチェックし、具体的にアドバイスをしています。

リペア前の状態は他人には見せない

私自身は、たまに必要に迫られれば出品しますが、どちらかと言うとリペアの方が好きで、夜通し作業をしていて、気が付いたら朝の5時6時ということもあります。キレイにするための特殊なリペアに時間をかけ、商品がキレイになると、すごく嬉しくなるし、気分もスッキリします。

よくリペア前と後の写真を撮ってあげている人がいますが、私はリペア前の写真は撮りません。息子を含め出品代行の人には、リペア前の品物も見せないようにしています。

息子と最初にこの仕事を始めた時は、仕入れも息子と一緒に行っていたので、最初の状態がいかにボロボロなのかを息子は知っていました。そうすると、いくら私が一生懸命リペアをしてキレイにして渡しても、「あのボロボロのやつでしょ?」となり、強気で値段付けができなくなり、売る金額が下がってしまうのです。

そこで、仕入れた状態の商品を見せないようにして、キレイになった商品だけを見て値段を付けてもらうようにしました。

ですから、今お願いしている出品代行の方にも、「これをこうして、こんなに大変だったのよ」といったことは絶対に言いません。それを言ってしまうと、彼らが値段を上げられないからです。

言葉は悪いですが、出品代行の人をいかに勘違いさせるかが大事だったりします。

黙って「はい、どうぞ」と渡すと、「ああ、キレイ！　キレイ！」と言ってくれるので、その気持ちのまま出品代行を行ってもらいます。

目利きができれば「化ける商品」も発掘できる

現在、この仕事は3年目に入りましたが、いちばん大変なのは、出品代行さんを育てることです。長く続けてくれる優秀な出品代行さんがいて、それと同時にもう1人くらい出品代行の人を育てていく、そして私自身のリペアの能力を上げていく、それが理想の状況です。

今は、松浦さんと一緒に、ブランド買取店に時々一緒に行き、仕入れの勉強もさせてもらっています。仕入れ時の値下げ交渉を見て、だんだんと相場も分かってきました。

買取店では、洋服から、ハイヒール、アクセサリー、靴、バックと、1日1000点から2000点の商品が見られるので、見ていてとても楽しいです。私はまだまだ見分ける目を持っていないですが、松浦さんが見ていると、そういった商品の中に「あ、これは」というものがあるそうです。そういった商品が、売る時にすごく化ける時があるのが、この仕事の面白さでもあります。

実際、たまたま私のところに来た商品でも、これは何だろうと調べていると、珍しい限定商品だったりして、そういう商品は高値で出しても、「いいね」がたくさん付き、そのまま高値で売れます。今後はそういった商品を見分ける目を持つことも目標のひとつです。

副業というよりも、楽しい趣味

私の回りには、私と同じ60代で元気な方がたくさんいますが、もしそういった方々が、「パソコンは使わないので、スマホのみでできることがしたい」「60代で仕事をリタイアして時間に余裕がある」「新しい趣味として、クラフト感覚で革製品などを塗ったり、貼ったり、縫ったり、磨いたりして楽しみたい」「フリマアプリに出品してみたい」と言うのなら、ぜひ、この副業をお薦めします。

何しろ楽しく手を動かせる上に、お小遣いまでもらえるからです。副業というよりも、楽しい趣味と言った方がぴったりかもしれません。

POINT

- 自分が苦手な部分は他人に任せる選択肢もある。
- 出品しっぱなしではなかなか売れない。お客さんとのやり取りを大切に。
- リペア前がどんなにボロボロでも関係ない。リペア後の状態で値付けして。

PART 9

女優・モデルの仕事と両立をしながら

～Nさん（23歳女性）の場合

●Profile

出身地：関東圏　居住地：東京都　最終学歴：大卒
家族構成：独身　代理店歴：1年

不規則な女優業の合間にできる仕事を探して

女優やモデルの仕事をしながら、このお仕事をしています。

この仕事を始めたのは、大学を卒業して社会人になりたての頃で、ちょうどゴールデンウィークが始まる前でした。女優やモデルの仕事では、まだ生活ができるほどの収入がなく、アルバイトでは月十数万円ぐらいしか稼げません。

しかも、女優やモデルの仕事は、急に仕事やオーディションが入るので、アルバイトを増やすこともなかなかできないのです。

そんな中、MUチュウの求人を見つけ、在宅でこんなに稼ぐことができるなら、一度、話を聞いてみたいと思い連絡をしました。

話を聞きに行ったところ、「この仕事を始めれば、お金や時間に左右されずに、自分の理想的な生活に近づくことができる！」と確信しました。

ただ、初期費用を払うというシステムに迷い、最初は出品代行だけの契約をして、お金を貯めてから代理店をやろうかとも考えました。私としては、出品代行で稼げるようになったら、代理店をやればいいかなと思ったのです。

しかし出品代行の契約日の前日になって「やはりどうせやるなら代理店にしよう！」と決意と覚悟を決め、貯金と、残りはキャッシングで初期費用を用意して、「やっぱり代理店にします！」と、松浦さんに当日の朝に連絡をして代理店契約をしました。

やりたいと思った時には最速で行動に移した方がいい

話を聞いた時から、ずっと悩んではいたのですが、代理店でやると決めたのは、「やりたい！」と思った時に最速で行動に移した方が絶対後悔しないと思ったからです。

家族にも言えないし、言ったところで絶対反対されると思ったので、全部1人で決めました。キャッシングは、キャッシングサービスの無人機で借りたのですが、けっこうドキドキしました（笑）。今思うと、度胸と行動力があるかないかで、その後の人生って大きく左右されるのだなと実感しています。

以前から、フリマアプリのページを見てはいたので、この仕事は稼げるというのは分かっていたのですが、「果たしてそれが本当に自分でできるのだろうか？」という不安はありました。

でも、始める前のチャレンジテストで、出品した次の日に商品が売れて、利益も出たので、不安よりもワクワクの方が大きくなりました。

結局、1カ月もかからないうちに初期費用分の利益を得ることができたので、借金をしてまでして始めて、本当に良かったと思っています。むしろ、借金をしてしまったので、やらなくてはいけない状況になり、必死に頑張れた、というのもあるのかもしれません。

最初の1カ月ぐらいは、毎日のように松浦さんのところに通い、商品のリペア方法を教わりました。

イメージが膨らむような説明文もポイント

実際に始めてみて思ったのは、大事なのは、自分の中でのモチベーションをいかに持続させていくかということです。日によっては、面倒くさいと思う時もあります。そこをどう乗り越えていくかということが、このお仕事のいちばんの難しさだと思います。

リペアをしたり、写真を撮ったり、文章を書いたりするのは、だんだんと慣れていきましたが、やはりクレームがくると凹みます。一度、評価が終わった後に「臭い」と書き込まれたことがありました。全然ニオイもしない商品だったのですが……。

クレーム以外では、あまり大変なことはありませんが、仕事へのモチベーションを保つために、コミュニティーで頑張っている人に会いに行って刺激を受けたり、リペアと写真撮影以外は、家ではなくカフェでするなど、自分でやらなくてはいけない状況を作るようにしています。

また、私が工夫をしているのは説明文です。例えば、商品に花模様が使われていたら、似たような花の画像をネットで検索してきて、「ハワイのオーキッド柄」ですというふうに、イメージが膨らむような文章を考えています。

他にも、売れている他のページの説明文を読んで、「これが生かせそう」と思ったら、100%まねするのではなく、自分流にアレンジして書いたりもしています。

自己流は失敗の元

このお仕事を始めて1年ぐらい経ちますが、最高で月収100万円を稼ぎました。次の目標は月収200万円ですが、1人では限度があるので、出品代行をお願いすることも今は考えています。

そして、私のように本業がある人や、何か夢のために頑張っている人を応援できればいいと思って、代理店希望者の面談のお手伝いもしています。

この仕事を始めて、松浦さんを始め、コミュニティーの方々とお話をすることも多いですが、稼いでいる人は、例外なく素直な人で行動力のある人だと思います。

チャレンジテストで落ちたりする方がいますが、そういう方にだいたい共通するのが、「こうやった方がいいですよ」とアドバイスをしても、「いえ、こっちでやった方がいい」と、人の話を聞かないことです。そして自己流でやって失敗して売れなかったりします。

できない理由を探さない

それから、もちろん初期費用はなかなかポンと出せるような金額ではありませんが、そこを踏み込めるかどうかという部分が大切です。それが行動力とも言えると思います。

代理店希望の方と面談をしていても、金額を言った瞬間、「じゃあ、やめます」と帰ってしまう方もたくさんいらっしゃいます。

この仕事に限らずですが、行動力のない人は、いつでも、できない理由を探しているように思えます。「だって」とか、「でも、こうでしょ」とか、言い訳ばかりです。私にしてみれば、仕事をやりたくて応募をしてきているのに、どうしてやらない理由を考えるのか、不思議で仕方がありません。

初期費用がタダだったらやりたいのかもしれませんが、初期投資は自己投資です。車の免許を取るのにもお金がかかりますし、資格試験の勉強で学校に行くのにもお金がかかります。リペアの方法を学ぶための投資と考えれば、むしろ「タダで始められる」という都合の良い話は、どこにも存在しないと思えます。

このお仕事は、利益率が良く、短時間で稼げますが、決して楽をして稼げる仕事ではありません。しかし、頑張れば頑張った分だけ収入につながります。

もし、この仕事をしようかどうか迷っている人がいて、その理由が「失敗をするのが怖い」とかであるなら、別に失敗しても死なないし、ポジティブに考えてほしいと思います。

結果が出ないことを誰かや何かのせいにしても成長できない

それと、副業で騙されたり、稼げなかったと言う人に話を詳しく聞いてみたところ、ほとんどの人は、途中で何かしらの理由を付けて諦めてしまっているだけなんじゃないかな、という印象を受けました。

もちろん、正真正銘の悪徳業者というのも存在しますが、例えば、知り合いから「あの副業はどうなったの？」と聞かれた時に、自分には力がなく諦めたと話すのは恥ずかしいので、自分以外の何かのせいにして「騙されただけ」と言い訳している人も、かなり多いということが、最近分かってきました。

どの仕事もそうですが、人というのは、結果が出ないと、つい誰かや何かのせいにして、悪口や嫉妬、妬みをつい言いたくなってしまうようです。確かに、自分以外の何かを責めれば心は楽になるかもしれませんが、いつまでもそのままでいたら、自分自身は成長できないし、結果も出ないのではないかと思います。

私は、本業を続けていく限り、なかなか9時5時で働くような仕事はできません。普通のアルバイトだったら、すぐにクビになってしまうと思います。

そこで、お金を稼ぎながら、本業に思い切り専念できる状態を作りたいなと思って、この仕事を始めました。最近は、このお仕事でも、どんどん成果が上がってきたので、安心して本業に取り組めるようになりました。

もし、皆さんも、自分の目標や理想があるのであれば、ぜひ第一歩を踏み出してみてほしいと思います。

POINT

・夢を追いかけたい人の副業にお薦め。
・説明文はイメージが膨らむように心がけて。
・できない理由を探しても、何も成長できない。

PART 10

細かい作業が好きな私には、天職かも

～初実千恵子さん（33歳女性）の場合

●Profile

出身地：－　居住地：－　最終学歴：大卒
家族構成：両親・子ども3人（小4女児、小1男児、年中男児）　代理店歴：1年

時短勤務で給料が減っても住宅ローンは待ってくれない

大学卒業後、IT企業に就職し、結婚・出産後もSEの仕事を続けてきました。しかし、3人目を妊娠中に離婚。仕事をしながら自分1人で子ども3人の子育ては難しいと思い、地元にマイホームを購入し両親と同居、東京の会社まで片道2時間半かけて通勤することを決めました。

もともとIT業界は多忙というのもありますが、地元から東京までの往復は、朝6時に家を出て、帰宅するのが夜中の2時という生活。平日は、家に4時間しかい

ないので、ほぼ電車で寝るという生活です。

転職も考えましたが、地元で探すとなると、工場などでの仕事が多くなるのと、お給料も今と比べるとすごく安くなります。確かに通勤は大変ですが、会社自体は人間関係も良好で、とても働きやすいので、そのまま頑張って続けることにしました。

そうして2年ぐらい通勤往復5時間の生活を続けました。子どもに会うのも土日だけで、「ママ、いつ帰ってきてるの？」と言われるぐらいでした。

それでも昇格できるなら頑張ろうと思って、その生活をしていたのですが、結局その年に部署が変わり、昇格もなくなってしまったのです。それで、頑張っても意味がないかもと思い、それまでずっとフルタイムで働いていたのを、これを機に時短勤務にすることにしました。

時短勤務になっても相変わらず通勤には片道2時間半かかりますが、夜の7時〜8時くらいには帰れるようになります。

ただし、時短勤務になると給料が激減するという問題がありました。今住んでいる家は、離婚後に両親と一緒に住めるようにと建てたもの。この家のローンの返済もありますし、子どものために教育資金も貯めたい。

そこで、副業をしようと探していた時に出会ったのが、この仕事です。

始める前に、試しにフリマアプリを使って確信

副業を考えた時に、自分で何かを生み出すと言うか、ものを作るようなことに関することをやりたいと思いました。

もともと細かい作業が好きで、中学の時にあみぐるみにはまって以来、手芸が趣味になり、結婚後も子どもの服を作ったり、髪飾りなどの小物を作ったりしていま

した。でも、それを売っても、時間がかかる割には、あまり利益は出ません。
そこで、何か違うことがないかと探してる時に、ちょうどこのMUチュウの仕事に出会ったのです。

求人サイトには「ビジネスパートナー募集」と掲載されていたので、いずれは自分で起業ができるかもと思い、直感で、「あ、これだ！」と、すぐに応募をしました。
最初はスカイプで面談ということでしたが、一度もリアルで会わずにスカイプは不安だったので、対面でお願いしたいと松浦さんに連絡をし、新宿で面接をしてもらいました。

そこで初期費用がかかることを知りましたが、事業で稼ぐためには自己投資が必要というのは当たり前と思っていたので、初期投資は、仕事を始めるハードルにはまったくなりませんでした。逆に「安すぎで怪しい」とも思ったくらいです。

正直、これまでフリマアプリすらやったことがなかったのですが、仕事を始める前に、試しにと、子ども服や自分の要らないものを出品してみたら、すぐに全部売れたので、「フリマアプリは売れる！」という実感が持てたのも、この仕事を始めるきっかけとしては大きかったと思います。

そして、松浦さんのところの最初のチャレンジテストも、あまり苦労せず、問題なくクリアすることができました。

ボロボロの商品こそ面白い！

仕事を始めてみると、届いた商品の中には、本当にこれで売れるのかなというようなボロボロの商品もありました。しかし、もともとリペアのような細かい作業がすごく好きなので、逆にそのボロボロの商品をいかにキレイにするかが気持ちいいと言うか、私はそれが楽しいのです。

今まで、いちばん利益が出たのは、シャネルの赤財布です。他の代理店の方がリペアをして失敗してきたのをタダ同然で譲ってもらったものです。お財布の赤色が剥げていて本当にボロボロで売れない状態でしたが、リペアで新品同様になり3万円の利益が取れました。

だから最近は、仕入れの際に、「みんなが嫌いなボロボロなのをください」と、冗談で言っています（笑）。

最初の頃は平日、仕事から帰って子どもたちを寝かしつけた10時ぐらいから、気づいたら3時くらいまでやっていましたが、最近は、土日に集中してやることが増えています。出品やコメントのやり取りなどは、通勤時間を利用しています。

本業や育児をしながらでしたが、初期投資代はすぐ取り返すことができました。

高いまま1週間ぐらいで売れる値段が理想

つまづいた点としては、最初は商品の相場が分からなかったので、安く出品してしまい、それほど利益が取れなかったということです。

例えば、4000円で仕入れて、リペアをして7000円で売れるといった具合です。出したら秒で、即売れますが、今考えると安すぎたなと思います。

しかし、3カ月ぐらいして、周りの人たちの販売価格を見て、だんだん値段の感覚がつかめるようになってからは、笑いが止まらないくらい利益も取れるようになりました。

ただ、利益が取れるまでは、かなり勉強して調べたり、教えてもらったりしていました。他の代理店の方が出品している商品の値段を参考にしたり、早く売れるとちょっと安すぎたなと、次の時から調節しています。あまり値段を下げず、高いまま1週間ぐらいで売れるのが理想です。

写真はキレイすぎても返品の原因に

私は細かい作業が得意なので、この仕事で大変だと思ったことはあまりありませんが、あえて言えば、リペアよりも写真撮影です。

どうしたらキレイに見せられるのか、商品の角度や光の当たり具合など、本物はこんなにキレイなのに、写真で見たら、「何これ?」みたいになってしまい、何度も撮り直しをして苦戦することも少なくありません。

また、その逆パターンで、本物はなんとなく微妙なのに、写真がすごくキレイに映ってしまうと、お客様からの返品率も高くなるので、できるだけキレイだけど、実物との差があまりないように心がけています。

特に、ルイ・ヴィトンのモノグラムヴェルニは難しく、苦手です。

将来は起業をして、自分のブランドを作りたい

これまでの副業のみでの最高月収は65万円です。最近はあまり時間が取れないので、最低でも30万円というのを目標にしています。

この仕事を始めた頃は、リペアや写真撮影にすごく時間を費やしていましたが、今では月の副業稼働時間が、たったの7時間程度。それでも軽く10万円は超えるほどの利益が出るようになりました。

この仕事のやりがいは、なんと言っても、短時間で稼げることです。

子どもとの時間が大幅に増えて、お金の余裕もできて、いいことばかりです。3人の子どもを、それぞれスイミングやピアノなど、好きな習い事に通わせることもできています。

もし、1個を売って300円〜1000円くらいの利益だったら、ここまで続いていなかったし、そもそも始めなかったと思います。

私は昔から貯金が趣味でしたが、この仕事をしてから、毎月毎月、通帳の数字が増えていくのが本当に楽しみになりました。

普段自分自身のことには、まったくお金を使うことはありませんが、使う時にはバッと使うタイプで、最近は400万円の新車を一括払いで買ったりしました。

今も、お金がなくて生活に困っているわけではありませんが、子どもたちには何でも好きなことをやらせてあげたいし、これからの学費を考えると、年間最低100万円は貯金をしたいので、この仕事の利益を全部貯金に回せればなと考えています。

また、今後の野望ではないですが、自分のブランドを作って、服や小物などを売っていけたらいいなとも思っています。

この仕事は、細かい作業や、コツコツと地道にできる人なら、誰でもできると思います。

諦めずに頑張れば絶対に利益になるので、何か副業を考えている人にはすごくお薦めです。また、家でできる仕事で、短時間で稼げるので、子どもとの時間が取れずに悩んでいるシングルマザーの方には特にお薦めしたいです。

POINT

- 迷っているなら、まずは試しにフリマアプリで何か売ってみるのもお薦め。
- 値下げせずに1週間くらいで売れる値付けがベスト。
- 写真のキレイさは大切だけど、実物と乖離しすぎてもダメ。

PART 11

子どもが保育園にいる間に集中して作業

～Emiさん（30歳女性）の場合

Profile

出身地：千葉県　居住地：千葉県　最終学歴：専門学校卒

家族構成：夫・子ども1人（3歳男児）　代理店歴：5カ月

副業に興味があるものの、なかなか見つからず

私は調理師専門学校で調理師免許を取得し、卒業後はパティスリーに勤めていました。一時期、転職をして事務の仕事をしたこともありますが、最終的には和菓子などお菓子全般を扱う店で正社員として働いていました。

ですが、結婚&妊娠を機にそこを退職。この仕事に出会うまでは、お菓子屋さんの販売職のパートとして勤めていました。実際にお菓子を作る仕事は、朝早くから出勤する必要もあり、就業時間も長くなるので、小さい子どもがいることを考えるとなかなか厳しいものがあります。私自身、お菓子作りに未練があったわけではな

いので、接客業でも特に不満はありませんでした。

この仕事を始めたのは、もともと副業に興味があったのがきっかけです。最近、世間でも副業がはやっているので、そういった副業に関するビジネス本や、個人輸入の本、投資の本なども買って読んでいました。でも、いざ自分で始めようとしても何をしたらいいのか、自分に何が向いているのか分からず、ほとんどが本を読むだけで終わってしまっていました。

投資も、楽天銀行などのネット口座を作り、少額から資産運用してくれるというのもやってみましたが、なかなかうまくいきませんでした。投資の塾に通ったわけでもなく、自己流なので全然増えもせず、何円単位で上がったり下がったりするだけなので、やめてしまいました。

その時は、勉強会に参加することも考えてセミナーも探したのですが、開催場所はほとんどが都内、開催時間も夜からで、小さい子どももいる状況では無理と諦めました。

夫の職場も家から遠いので、保育園の送迎はすべて私が担当しています。日中、今のように家の近所のお店にパートに行くぐらいで、なかなか家を空けることができません。

そこで、在宅の仕事や副業でできそうな仕事をネットで探して見つけたのが、この仕事だったのです。

以前から利用していたフリマアプリが役立つのが魅力

私は、以前からけっこうフリマアプリを利用していて、商品を買ったり、自分で出品もしていたので、「これが何か仕事に役立てられれば、収入になればいいな」と思っていました。なので、このMUチュウのお仕事は、ぴったりかもと思って、お話を聞いてみることにしました。

スカイプで面接担当の方と面談をしたのですが、最初に必要な初期費用の金額には少しびっくり。

でも、このままパートを続けていても、新しい技術や知恵が付くわけでもないので、この仕事をすることで、いろいろ自分に知識が付いて、ずっと続けられるのであれば、自己投資をしてもいいのかなと思い、やってみることにしました。

そして、後日、チャレンジテストを受けることになり、松浦さんとお会いしました。

会うまでは、ブランド品を売るということで、私の方がけっこう構えて緊張してしまったのと、怪しい人なんじゃないか、大丈夫なのか、怖いオーラがあるんじゃないかと不安がありました。

でも、実際にお会いしてみると、すごく冗談も上手で気さくで、明るくていい人という印象で、ほっとしました。でも少し時計がギラギラしていました(笑)。

売れる写真の撮り方は教えてもらわなければ分からなかった

最初の面談の時に、「ブランド品は、流行に関係なく廃れるものではないから、絶対に売れます」と聞いていたのですが、チャレンジテストで商品が売れるまでは、本当に売れるのかどうか半信半疑でした。

実際、チャレンジテストの期限は1週間でしたが、ギリギリまで売れず、最終日でようやく売ることができました。

今思うと、写真の撮り方も下手で、写真の編集も慣れていなかったので、購入者様側から見れば、全然見栄えのしない商品だったと思います。

私も、このお仕事を始める前からメルカリに出品をしてはいましたが、ブランド品の写真の撮り方は、これまでの自分が撮っていた撮り方とは全然違うということも分かりました。

途中で、松浦さんから何度かアドバイスをいただき、写真を撮り直したり、編集をし直したりして、なんとかチャレンジテストをクリアすることができました。

実際、お仕事を始めてみて、リペアの作業も、たまに集中できない時はありますが、「もうイヤ！」というようなことにはなりません。始めて2カ月経ち、これ1本で稼いでいけるという実感があったので、パートも辞めました。

作業は平日の昼間、子どものいない時に集中してやる

リペアや写真撮影といった作業は、昼間、子どものいない時にしています。

最初は夜にもしていたのですが、子どもがリペア道具を触ってしまったり、土日の休みの日は家族がいて、なかなか自分の時間が取れないので、平日の昼間だけと決めて集中してやってます。

夫には、チャンレンジテストを受ける時はまったく相談をせず、契約をして家でリペアをするようになってから、この仕事を始めたことを伝えました。初期費用も細かい金額までは伝えていませんが、お金がかかったことを言うと「自分がやると決めたことなら」と特に反対もありませんでした。

結局、子どもがいて、パートのように時間給で働いていると、本当に収入に限りがあります。パートの通勤時間、保育園送迎、家事の時間を抜かすと、本当に限られた時間しか働けません。1日数時間、時給で働いても、大した金額にはならないし、保育園からお迎えの電話が来て早退をしたり、熱を出して仕事を休めば、お給料もその分が減ります。

パートをしていた時は、お給料が、すべて保育園代で消えてなくなるので、何のために働いているのか分からない、とも思っていました。ですから、今、この仕事1本に集中できるようになり、すごく良かったと思います。

最高月収は、まだ月15万円ぐらいです。30万円を目指したいのですが、売れる時と売れない時の波があり、自分の能力も未熟なため、もっと努力が必要と思っています。

リペアのスピードを上げていきたい

この仕事を始めるまでは、ブランド品が、そんなに売れるのかどうか不安でした。でも実際に始めてみると、特に年末年始の売れ行きには、正直びっくりしました。それもあって、この先はこれ1本でやっていけると思って、パートを辞めたというのもあります。

この仕事は、やることがたくさんありますが、私自身はリペアに集中するのがいちばん難しいかなと思います。家で作業をしているので、家事など、けっこう他のことに気を取られたりすると、集中力が途切れてしまいます。

他の方で、商品の仕入額が30万円分で、そのリペアを1日で終わらせる方もいらっしゃるらしく、そういう話を聞くと私の集中力、スピードはまだまだだと感じます。30万円分と言っても、仕入れ値の高い商品も入っているとは思いますが、1個1〜2万円でもけっこうな量になるとは思います。多分そういう方は、集中力もあり、作業のスピードも早いのだと思います。

私はまだ、この素材にはこういうリペア方法、この素材ならこのリペア方法など、リペアの技術の細かなところまで完全に分かり切っていないので、リペアにいちばん時間がかかっています。

でも、リペアに関しては、仕入れの時に松浦さんと直接お会いした時に聞いたり、自宅での作業中でも困ったり迷ったりした時は、コミュニティーに相談ができるので、すごく助かっています。

リペアのスピードが上がれば、収入も上がると思うので、もっとレベルアップしたいと思っています。

効率よく稼ぐためには、やっぱり信頼できる組織が必要

私は、昔から雇われたいというよりも、何か自分でできないかなと、漠然と思っていました。製菓関係の仕事は、拘束時間も長く、ずっと立ち仕事で1日が終わってしまいます。何かレベルアップするために勉強をしたいと思っても、なかなか時間が取れずに今まできました。

この仕事は、職場へ行き、仕事モードに切り替えないとダメという人には、なかなか難しいのかなと思います。しかし、自分の時間を自由に使い、束縛されたくない人には、ぴったりだと思います。

子育て中のお母さんは、なかなか自分の思うように時間が取れないと思いますが、そういう人でもできるのが、この仕事の魅力です。最初は少しお金がかかりますが、

一生使えるノウハウや技術が身に付くし、サポートしてくれる仲間もたくさんいるので、一緒に頑張れたらなと思います。

普通、物販は正直1人では頑張れないし、長く続けるのが大変です。そして自分で仕入れても最悪、売れなければ在庫の山です。おそらく、1人でやってもさほど稼げず、厳しいかなと思います。

でも松浦さんのところのように組織が大きければ、買取店からたくさん仕入れることができますし、たくさん仕入れることができれば、1個当たりの仕入れの金額も安くなります。そして1人で月1000個売るのは大変ですが、20人いれば簡単です。

なので、継続して効率よく稼ぐためには、やっぱり信頼できる組織を見つけることだと思います。その点、MUチュウで仕事ができて、とても良かったと思っていますし、引き続き頑張っていきたいと思っています。

POINT

・普段から使っているフリマアプリが役に立つ！
・写真の撮り方などは素人の自己流では通用しないので、プロの技を習うことが大切。
・効率よく稼ぐためには、組織の力を借りた方が良い。

PART 12

自分で稼ぎ、自分で自由に使えるお金ができた

～山本さん（31歳女性）の場合

●Profile

出身地：北海道　居住地：神奈川県　最終学歴：高卒
家族構成：夫・子ども1人（3歳児）　代理店歴：5カ月

稼ぎのない専業主婦という立場に閉塞感

高校を卒業後、地元でフリーターをしながらビジュアル系のガールズバンドでギターを弾いていました。自分で作曲をしてオリジナル曲をライブで演奏したりと、かなり真剣に5年ほど活動していたのですが、いろいろあってそのバンドは解散。その後は、幼稚園や保育園に教材関係を卸す会社に就職をし、事務の仕事をしていました。

夫は、中学の同級生で、同窓会で再会したのをきっかけに付き合うようになったのですが、彼は東京で就職をしていたので、遠距離恋愛をしていました。そして26

歳の時、結婚を機に私も仕事を辞めて上京しました。

結婚後、1年ぐらいは、パートで工場のピッキングの仕事をしていました。扱っていたのは電子部品で、インターネットの販売で注文が来たものをピックアップして、梱包をして発送をするというのが仕事でした。

その後、妊娠を機にパートを辞め、同時期ぐらいに家を購入して、引っ越しをしました。

私は、できれば2人目が欲しく、娘も保育園ではなく幼稚園に入れたかったので、しばらくは本格的に働くつもりはありませんでした。

ただ、子どもが生まれてからずっと夫に「養ってもらっている」という感覚があり、次第に自分でお金を稼ぎたいという気持ちが強くなってきたのです。

特に家事に関しては、自分は稼ぎがないし専業主婦なのだから、完璧にやらないといけないと思う気持ちが強くて、洗濯物を畳んでいないと、夫に何か言われるんじゃないかとか、自分の中で罪悪感が生まれて、自分自身がどんどん窮屈になってきていました。

それに、自分でお金を稼いでないと、好きなものも自由に買えません。子どものおまけ付きのお菓子を買っただけでも、「また余計なものを買って」と言われたり、無駄遣いをするとすぐ夫に怒られるのもストレスでした。

夫は全然お金を使わない人で、服も10年ぐらい同じ服を着ています。月に3万円お小遣いをあげても余っちゃうような人です。家を買ったのは、家賃を払うのがもったいないからという理由で、夫自身は貯金が大好き。

ですから、私だけお金を使うのがすごい悪い気がして、こうなったら自分で稼ぐしかないと思うようになりました。

簡単そうな副業で失敗したからこそ、本気で稼ぐ気になった

とはいえ、子どもを保育園に預けてまで外で働ける環境ではありません。同じような状況の友人は夜、子どもが寝ている間、自分の睡眠時間を削って、夜中の2時、3時までファミレスで働いていますが、それも体力的に厳しいなと思いました。

そこで、もう家でできる仕事を探すしかないと思い、「内職　神奈川県」で検索してみたところ、求人サイト内に、インターネットの初回限定のサプリメントや化粧品のサンプルを購入して業者へ送るという副業が載っていたのです。

業者が指定する商品を20個全部購入すると1万円の報酬がもらえると言うので、実際にやってみたのですが、個人情報を明かして購入をするので、1回買うと継続しなくても、チラシがバンバン届きます。それが煩わしくて、1件1件、メーカーに電話をして、「もう必要ないので広告を送るのを止めてください」と断るのが大変で

した。

「これだけやっても1万円かぁ」と、1回やっただけでぐったり。

そこで別の副業を探そうと、ママワークスママ専用の求人サイトのサイトを見ていたところ、このお仕事の求人に、「いいね」が、90件か100件ぐらい付いているのが目に留まったのです。

みんなこの仕事を狙っているんだと思って、仕事内容を読んでみたところ、応募条件に「最低限の常識がある方、社会的信用のある方」とか、「ビジネス書や自己啓発本をお読みになる方」とか、歓迎スキルも「自己投資を惜しまない方」「成功するまで絶対に諦めないという強い意志のある方」など、かなり厳しいことが書いてあります。

ものすごい怖い人がやっているのだろうなと思って、少し躊躇したのですけが、やる気次第で相当稼げるようなことが書いてあったので、私も本気でやれば、できるのかもしれないと思いました。

実際、オークションやフリマアプリもけっこうやっていて、家にあるものを売ったり、店頭で、半額で売っているベビー用品を買ってきて売ったりしていたので、仕事内容自体には特に不安はありませんでした。

自分でチマチマと売っても、送料と手数料を払えば200円、300円しか利益が残りません。いくら在宅がいいからと言っても、内職で1時間100円のような稼ぎ方をしていたら気が遠くなります。多少厳しくても効率よく稼ぎたいと思って、応募をしました。

第一印象は「できない人」と思われていた

最初の面談がすごく長く、私ともう1人面接を受けに来ている人がいて、2人で

2時間ぐらい説明を聞きました。内心、「こんなに言わないとできない人がいるのかな？」と思うくらい丁寧な説明でした。怪しいとか疑うということはまったくなく、むしろこちらをふるいにかけているんだろうなという感じがしました。

私は、最初から「できます！　できます！」と言うのもイヤだったので、取りあえずお話をひととおり聞くという姿勢でした。後で聞いたら、面接官の方は、私のことを多分あまりできないと思ったらしく、「あの人、大丈夫かな」と言っていたとか（笑）。

私自身は、「できないかも」という不安はいっさいなく、仕入れとリペアの方法だけ教えてもらえれば、後はなんとかなると思っていました。

ただ、すごく美的センスが要求されるというのを聞き、私はファッションセンスとかもないので、そこだけが大丈夫かなと心配でした。

実際、お仕事を始めてみると、写真の撮り方などのセンスが必要で、最初は松浦さんに「写真の撮り方と編集の仕方が、これだと全然欲しいと思わないよ」と、笑いながらコテンパンに言われて凹みましたが、今は、だいぶマシになりました。

ひとつひとつの利益には固執しないのが大切

この仕事で苦労したことはありませんが、なかなか売れなかったり、同じものが2回、3回と返品が来たりすることがあります。

「自分が思っていたのと違ったので返品をお願いします」と理由を言ってくれる人もいますが、理由もなく返品という人もいます。その商品は、4回目で、やっと「ありがとうございました！」という評価で終わりました。

現在、仕事を始めて5カ月目になりますが、最高月収は40万円ぐらいです。

他の方がどれくらい稼いでいるのか分からないのですが、私は、ずっと出していても売れないものは、値段を下げて早く売って、別のものを仕入れて利益を取ればいいという考えです。

時々、２０００〜３０００円のものが2〜3万円で売れたり、５０００円のものが5万円で売れたりするので、ひとつひとつの利益に固執するのではなく、たまに化ける利率のいいもので回収できればいいと思っています。

苦手な部分は夫に手伝ってもらってもいい

この仕事のやりがいは、最初はちょっと汚れていたりボロボロだった商品を一生懸命直して、キレイに見えるようにして出品をして、それで買って喜んでくれる人がいることです。

仕入れた時に、「うわ、これ、自分だったら絶対使わないな」みたいなものもありますが、それを一生懸命磨いて、これでまた人に使ってもらえるという喜びが、やりがいのひとつでもあります。

リペアに関しては、思っていたよりは大変でしたが、私は写真撮影が苦手なので、どちらかと言うと出品することより、リペアの方が好きかもしれません。

求人の段階では「商品に欠陥があった場合の修繕道具をお渡しします」という感じの説明だったので、リペアの具体的な内容や程度までは分からず、もう少し簡単なものかなと思っていました。

もともとものを作ったりするのは好きな方なので、ほつれとかを針で縫うのは得意ですが、色を塗るのは夫の方が上手なので、月に5000円くらい夫に渡して、色塗りやミンクオイル塗りを手伝ってもらったりもしています。

仕事内容よりも、自分の時間を作るのが大変

この仕事でいちばん大変だと思うのは、仕事内容よりも自分で自分の時間を作ることです。結局、昼間は子どもがそばにいて、「遊ぼ、遊ぼ」となるので、昼間は目いっぱい子どもと遊んで疲れさせて、早く寝てもらって（笑）、子どもが寝てから自分が寝るまでの時間内で、作業をするようにしています。

娘が幼稚園に行くようになったら、昼間に時間が取れるようになるので、もう少しペースを上げて、住宅ローンの繰り上げ返済のための貯金をしたいと思っています。

この仕事をするようになって良かったのは、自分の欲しいものは、ちゃんと自分で買えるようになったことです。任天堂スイッチを買ったり（笑）、娘の洋服やおもちゃも夫に気兼ねなく買えるようになりました。

「私も稼いでいるから、これぐらいできなくてもいいよね」と、家事も堂々とサボれるようになりました（笑）。

外に出て働きに行ける人は、外で働けばいいと思いますが、私のように出たくても出られない人には、この仕事をお薦めしたいです。お裁縫が苦手とか、手先が器用でない人、極端に不器用な人はやめておいた方がいいですが、ものを作るのが好きな人は、すごく向いていると思います。

コツをつかむまでは空き時間を全部注ぎ込むぐらいの気持ちが必要

ただ、最初にコツをつかむまでは、自分の趣味や好きなことは諦めて、空いてる時間をなんとか作って、その時間は全部これに注ぎ込むぐらいの気持ちが必要だと思います。そうすれば、わりとすぐに元が取れます。

よく子どもは、大人から見ると内容があまりないと思えるような動画でも、喜んで何回も何回も見ています。よく飽きないなぁ、と思うのですが、実はこの仕事も同じなのではないかとある日、気づかされました。

子どもが繰り返し動画や絵本を見て、セリフまで暗記してしまうように、この仕事も何回も何回も同じことをすることで、自分の実となり、どんどん仕上がりや結果も良くなっていきます。それにあわせて収入も上がります。たまには、子どもを見習わないと、と思います。

そして、こういう仕事に興味がある、やってみたい、という人には、ぜひこのお仕事をお薦めします。

POINT

- ひとつひとつの利益に固執するより、値段を下げて早く売って、たまに化ける利率のいいもので回収できればいい。
- 苦手な作業は家族にお金を払って手伝ってもらえば、お互い、助かる。
- 時間を作るのが何より大切。最初は空いてる時間を全部注ぎ込むぐらいの気持ちで。

PART 13

自己投資をしなければ、それ以上にはなれない

～askaさん（27歳女性）の場合

● Profile
出身地：群馬県　居住地：東京都　学歴：大卒
家族構成：独身　代理店歴：1年半

憧れのインストラクターを目指して

大学卒業後、ブライダル系の会社に就職しました。ベンチャー企業で、新入社員は私1人。始発から終電まで働いても残業時間が付かないという超ブラック企業で、すぐに辞めようと思ったのですが、なんだかんだで1年間そこに勤めました。

そして、ブライダルの企業を辞めた後は、インストラクターの仕事がしたいと思って、まずはスポーツジムでスタッフのアルバイトを始めました。中高はソフトテニス、大学ではラクロスをやっていて、体を動かすのが好きだったからです。

その後、先輩に教えてもらったり、自分で勉強をしたりして、1年前にフリーのインストラクターとして独立。現在、全部で４社と契約をして、７店舗でパーソナルトレーナーとヨガインストラクターをしています。


この仕事を始めたのは、1年半前。１人暮らしを始めたのがきっかけです。

当時はまだ、インストラクターを目指してアルバイト中。スポーツジム以外にもアルバイトを掛け持ちして、朝昼夜、深夜、４カ所で働いていたこともありましたが、それでも月収はトータルで15万円前後。貯金もできません。

時給のいいキャバクラで働いたこともありますが、トレーナーになりたくて体を作らないといけないのに、お酒も飲まないといけないしで（笑）、楽しかったのですが、体によくないと思って、すぐに辞めてしまいました。

そこで、本業はフリーランスのインストラクターになるのが目標でしたが、収入の支えとなる副業が欲しいと思って、「在宅　副業」で検索したのです。

最初は、内職とかでも探しましたが、袋に1個詰めて3円とかでは、まったくもってモチベーションが上がりません。費用対効果のいい仕事がないかと探したところ、ママ専用の求人サイトのサイトに辿り着き、この仕事の求人を知りました。

尊敬している起業家が同じだったことで安心

当時、たまたま引っ越しをする直前だったというのもあり、引っ越しの準備で出てきた不要な洋服や雑貨をフリマアプリで出品していました。それは、ちょっとした小遣い稼ぎのつもりでしたが、意外と売れて、物販もけっこう面白いかもと思ったりしていたので、物販をすること自体に不安はありませんでした。

ただ、実は昔、アフィリエイトをやろうと思い、教材として56万円を払ったものの、内容はＰＤＦと動画を見せられただけで、結局1円も利益が出なかったことがありました。ですから、この仕事もそんな詐欺まがいだったらどうしようかとは思いました。

もっとも、実際に松浦さんと面接で話をしているうちに、私が尊敬している起業家の勉強会に松浦さんも出席しているのを知って、私と松浦さんが同じ価値観の人だというのが分かったので、それで少し安心できました。

仕事内容についても、いろいろとお話を聞き、コミュニティーですでに活動している方のアカウントを見せてもらうと、「あ、これは売れるな」と、自分の中でも確信が持てました。

それで松浦さんにもこの仕事にも信頼と期待が持てたので、仕事を始めるに当たっての不安はなくなり、初期費用もすぐに返せると思ったので、キャッシングサービスを利用してお金を用意して申し込みをしました。

評価は人それぞれと割り切ることも大切

いざ仕事を始めてみると、ちょうどインストラクターとしての独立時期と重なり、ヨガのスクールなどに行きながらだったので、マイペースでの出品になりましたが、なんと初月から予想していた何倍も稼ぐことができました。

これは、私にとっては、予想外と言うか、逆にいい驚きでした。相場を調べて高い値段で出して、売れなかったら下げるというのが私のやり方なので、最初は少し高めに出すのですが、「これは高く売れないだろうな」といった商品も、急に高い値段で売れ、しかも評価も良く、「満足しました」と書かれるので、すごくびっくりしました。

とはいえ、キレイに磨いて、けっこう自信を持って出したものが、意外と「埃が付いていました」と書かれたり、「使用感浅めだな」と思ってその通り書いて出品した商品が、「けっこう使用感ありました」と書かれたり、本当に受け取る人の感覚は違うんだなということを実感しています。

最初の頃は、ちょっとした悪い評価に凹んだりしましたが、最近は、いい意味で割り切るようにしています。また「悪い評価をもらわない方法」などの勉強会にも参加してやり方を学んだりするなど、日々研究をしています。

ちなみに、これまででいちばん悪い評価をもらったのは、実はこのお仕事ではなく、プライベートでの出品です。フリマアプリで出品をした自分の服が、着払いで返品をされたことがありました。試着すらしていないウインドブレーカーを出品したのに、「ファンデーションがべっとり付いていました」と返品されたのです。

返ってきたウインドブレーカーを見たら、本当にファンデーションがすごく付いていて、「私は試着すらしていなかったのに、なぜ？」と。購入した人が自分で付けたんじゃないのかなと思いますが、それで着られなくなったからと言ってこちらに返品してくる人がいるなんて……と、その時がいちばんショックでした。

このお仕事では、そこまでひどい経験はありませんが、この経験があるので、多少変な人に当たってしまって悪い評価をされるのは、仕方ないと思えるようにもなりました。

ノルマがないからこそ、いつまでにどれぐらい出品するかを自分で決めるのが大事

このお仕事を始めて1年半経ちますが、インストラクターになった当時は週7日、朝から晩まで仕事が入っていたので、体が慣れるまでしばらく、出品の頻度は低いままでした。これまで仕入れを4回ぐらいして、毎回20万円以上の利益は出ています。

トータルでは60品ぐらいは売っていて、中でも1点当たりの販売最高利益は6万

円です。正直月に2～3個売るだけでも、とても満足しています。

このお仕事のいいところは、捨てられてしまうようなもの、汚れてしまっただけのものでも、ひと手間加えることでキレイになり、価値が生まれるところです。自分のトレーニングで使うグローブや靴も、自分で手入れをしているので、メンテナンスをすること自体が好きなのかもしれません。

私は、ブランド品については、あまり詳しくなく、市場で、そのお財布がどれくらいの値段で売られているか知りませんでした。でも1回目に仕入れた商品の半分ぐらいを出品したところで、だいたい「これぐらいの値段で売れる」という勘がつかめるようになりました。

この仕事で難しいのは、やはりコンスタントに出品するための時間を自分で作ることです。いつまでにどれぐらい出品するというのは、自分で決めないといけません。

いいのか悪いのか分かりませんが、松浦さんからのノルマはないので、インストラクターの仕事が忙しい時には、自分のペースでできて良いのですが、逆に気が緩むと、いつまでも商品が放置しっぱなしになってしまいます。

やはり、商品を出さない限りは収入にはならないので、リペアや写真撮影は時間がある時に家で一気にしておいて、移動中の電車の中や、レッスンの空き時間などに画像編集や出品をするなどして、隙間時間を活用するようにしています。

自己投資をした分、ステージが上がる

このお仕事を始める時に、初期費用がかかるので、それがネックになる人がいるかもしれません。

でも、私は、それは自己投資だと考えています。自己投資、つまり自分にお金を使わなければ、使わないなりの人間にしかなれないのではないでしょうか。

今、インストラクターやトレーナーの仕事をしていますが、セミナーに行ったり、資格を取ったり、有名なトレーナーさんのパーソナルトレーニングを受けたり、トータルでお金を何百万と払っています。これらは皆、自己投資です。また、こういった分野のコンテストにも出場する予定です。

自己投資をすると、そこで学ぶものも多いですし、例えばコンテストで入賞をすれば、そこで箔が付いて、自分の価値を上げることができ、レッスンの値段も上げることができます。

インストラクターの仕事は、ずっとやりたかったし、大好きな仕事ですが、これだけで稼ぐとなると肉体的にも時間的にも上限があります。

この仕事は、インストラクターに比べれば、まだまだ上限の限界には行っていないので、稼げる余地がいっぱいあると思っています。

将来的には、この仕事だけでも生活できるようになって、体を動かすことは自分の楽しみや生きがいのプラスαとしてできるようになればいいなと思っています。

・悪い評価が付いても、感覚は人それぞれと割り切って。
・ノルマがないからこそ、自分でペースを決めて行動する自己管理能力が大切。
・自分にお金を使わなければ、使わないなりの人間にしかなれない。

PART 14

自分のセレクトショップを運営している感覚

～Coconaさん（38歳女性）の場合

●Profile

出身地：東京　居住地：東京　最終学歴：短大卒

家族構成：夫・子ども2人（3歳男児、8カ月女児）　代理店歴：3カ月

数々の痛い経験でやっと辿り着いた副業

本業は、会社員をしています。短大卒業後、アパレルメーカーに8年ぐらい勤めた後、今の会社に転職。美容雑貨関連の商品をドラッグストアなどに卸すメーカーで、商品企画を担当しています。

今の会社に勤めて10年ぐらいになりますが、会社は副業がOKなので、何か自分にできる仕事はないかと、いろいろ探していました。

ネットやSNSは副業の広告も多いのですが、ちょっと求人サイトに登録すると

怪しそうな案内が来たり、実際に騙されたこともあります。例えばＦＸやビットコインでお金を取られたりして損もしました。口コミで化粧品を売ったりもしましたが、何をやっても続きませんでした。

でも、やってみなければ、どれが良くて、どれがダメなのかも分かりません。損をしたり、騙された分は、勉強代と考えるしかありませんが、やはりショックです。

そんな中、会社復帰と共に時短勤務になって、お給料が減ったのもあり、いよいよ副業をやらないとと思って、騙されないようにと真剣に探していたところ、この仕事を見つけました。

分からないことがあれば、何度も説明を聞ける

子どもがいたので、面接もスカイプで行ってもらったのですが、分からないことがあれば、何度も説明を聞ける環境であったり、同じように小さい子がいるママの

方がたくさんいらっしゃるというのも安心しました。

いざとなったら、直接松浦さんにお会いして、いろいろと聞けるという環境も、すごく安心感につながりました。

また面接では、他の方の例を教えてくれたのですが、実際に結果が出ていること、長く続けられそうだなと思ったこと、そして何よりも、在宅でできるのがいちばんの魅力的でした。

リペアも、自分で何かを作ったりするタイプではありませんが、キレイにするのが好きなので、自分には、すごく合っている仕事だと思いました。


初期費用は、ちょっと抵抗がありましたが、夫も「やりたいならやってみれば」と応援してくれました。

目標金額は、月収10万円です。1カ月に1回のペースで仕入れをしていて、次の仕入れの日までに全部売り切ることを目標にしています。初期費用は、まだ始めたばかりで元が取れていませんが、もう少し頑張れれば大丈夫だと思っています。

好きな商品を選べるのが楽しい

この仕事の楽しいところは、仕入れの日に、商品を自分で選べることです。松浦さんがいつも多めに商品を持ってきてくれて、その中から自分がリペアをしたいものを選びます。

前回の仕入れ時は、たまたま私を含めて3人の代理店の人が同じ時間に集まったので、3人でじゃんけんをして順番に商品を選んでいったのですが、3人が3人、なぜか選ぶものが違うのです。「これって好みが違うからかな？」と不思議に思いました。

自分が売れそうだと思うもの、自分が得意なものをそれぞれが選んでいくのですが、自分が「いいな、これが欲しいな」と思っているものを、みんなが欲しいわけではありません。

高い商品をたくさん選ぶ人もいれば、安い商品をたくさん売りたいという人もいるし、何もしなくても、そのまま売れるような状態のすごくキレイなものを取る人もいます。それぞれ個性が出て、興味深かったです。

子どもが、自分が好きなものを、周囲の目を気にせず選ぶように、私も協調性を無視して、ワクワクを大事にして選びました。

リペアや写真のテクニックは先輩から学べる

これまで3回仕入れをしていますが、いちばん高く売れたのは、シャネルのキャビアスキンと呼ばれるざらっとした素材のお財布で、2万円で仕入れたものが4万5000円で売れました。

ほぼ新品に近く、小銭入れのところが汚れていたのですが、それをキレイに拭き取りました。

後は、写真の撮り方もあると思うのですが、撮影場所もちょっと工夫をすると、光の加減で、すごくキレイに見えるのです。このお財布には、シャネル風のカメリアのようなお花を添えたり、箱付きの商品だったので、もちろん箱もお財布の背景に置きました。

こういったテクニックも、コミュニティーで、先輩に教えてもらったり、先輩の写真をたくさん見たりして、「こういうふうにすれば、このぐらいの値段で売れるんだ」と参考にしました。あまり早く売れると、もっと高くすれば良かったと後悔することもあります（笑）。

まだ始めて数カ月ですが、子どもの手が離れれば、もっと仕事をする時間を増やして、収入も増やしたいと思っています。できれば月収50万円が目標です。

この仕事は在宅でできる上、時間さえあれば高収入を目指すことができます。今は、昼間に撮影をして、夜にリペアしたり文章を考えたりするようにしています。

まるでセレクトショップを運営しているよう

さらにこの仕事の大きな魅力は、フリマアプリの自分のページが、自分のセレクトショップのように見えること。まるで自分のブランドショップを持っている感じがします。ですので、商品が売れるとすごく嬉しいし、達成感があります。

私自身、もともと洋服や小物が好きなので、ファッションやおしゃれが好きな人は、すごく楽しい仕事じゃないかなと思います。世の中には、いろいろな副業がありますが、自分が継続できたのは、やはりアパレルという好きな分野だったというのも大きいと思います。

それから、仕入れた商品が売れなかった場合は、松浦さんに返品オーケーというのも、すごく安心感がありました。

これまで数々の副業に手を出してきた経験から、この仕事も3カ月間やって結果が出なかったら次の副業をしようと思っていましたが、この仕事は、なんと！ 初月からすごく結果が出たので、この先も続けていこうと思っています。

他のものは、どれも1カ月やっても結果が出ず、さらにもう1カ月やってもダメで、3カ月目でやっぱりちょっと違うのかなという感じでやめてしまう、というのがパターンでした。

もし、私と同じように子どもがいたりして、子どものための貯金などの目標を持っているのであれば、それを叶えるために、この仕事は本当にお薦めです。

私自身も、様子を見ながら、今後この仕事1本に絞る道も本気で考え始めています。

POINT

・自分が売れそうだと思うものを選んで仕入れればＯＫ！
・コミュニティーで先輩方の知恵をどんどん借りるのが上達の早道。
・自分のブランドショップを持っている気分で楽しんで。

おわりに

この本を最後までお読みいただきありがとうございます。僕の提案している副業がどんなものかお分かりいただけたかと思います。

最初にもお伝えしたように、この副業は、楽して稼げる方法ではありません。でも頑張ったらその分だけ収入が増えていくという、画期的なシステムです。しかもやればやるほど、自分自身のスキルも身に付いていきます。

皆さんが売れなかった分は、僕への返品をOKにしていますので、正直、僕自身、かなり仕入れる時には目利きの力が必要で大変だったりします（笑）。

この本のパート2以降では、僕の元で副業をしている13人の代理店と呼ばれる方たちの事例もご紹介させていただきました。皆さん年齢も置かれている環境も、それぞれ違う人ばかりです。

どの人の話が心に残ったり、ご自分に近かったりしたでしょうか？　ご希望の方には、13人のうちの1人とさらに話をしてみる特典をプレゼントしますので、ぜひ次ページのQRコードからご応募いただけたらと思います。

繰り返しになりますが、この副業はやる気さえあれば絶対に失敗することはありません。「今までやったことがないけれどチャレンジしてみたい！」「もう副業で失敗するのはイヤだ！」「多少大変でもいいからお金を稼ぎたい！」という人は、ぜひ、お問い合わせいただけると幸いです。

一緒に頑張りましょう！

２０２０年９月

松浦聡至

本書をお読みくださった皆さんに
次の特典をプレゼント！

❶ 本書に登場した代理店の方のうち、気になった方と話すことができる権利

❷ 松浦とスカイプで面談できる権利

❸「裏非公開、中古（リユース）物販の説明文の考え方」動画

特典をご希望の方は、下記QRコードからライン公式アカウントに登録し、「特典希望」とメッセージをお送りください。

@gph8365o

※本特典は著者が独自に提供するものであり、その内容について出版元はいっさい関知いたしません。あらかじめご了承ください。

■著者プロフィール

松浦聡至（まつうら・としゆき）

1972年5月5日福岡県生まれ。現在は埼玉県在住。サラリーマン歴30年を経て独立。会社員時代は、デザイン会社、行政書士事務所、不動産、建築、美容・健康、通信、IT、レンタル業など様々な業種で、営業および店舗運営に関わり結果を残す。また、サラリーマン時代の副業では、コミュニティー内で、トータル年商1.5億円を達成したことも。仕事でのモットーは、「信用を大事にする。なにがあっても笑顔を忘れない。いつでも感謝」。自転車、バイクが趣味で、バイクレースでは、2年連続九州チャンピオン取得経験あり。

カバーデザイン：大場君人

人生が輝くブランド品転売のススメ

発行日　2020年 9月25日　第1版第1刷

著　者　松浦　聡至

発行者　斉藤　和邦
発行所　株式会社　秀和システム
〒135-0016
東京都江東区東陽2-4-2　新宮ビル2F
Tel 03-6264-3105（販売）Fax 03-6264-3094
印刷所　日経印刷株式会社　Printed in Japan

ISBN978-4-7980-6331-7 C3055